U0924458

翻盘

反败为胜的命运法则

FANPAN

虚舟
著

青岛出版集团 | 青岛出版社

图书在版编目（CIP）数据

翻盘：反败为胜的命运法则 / 虚舟著. -- 青岛：青岛出版社, 2025. -- ISBN 978-7-5736-2871-8

Ⅰ. B848.4-49

中国国家版本馆CIP数据核字第2025BD1587号

FANPAN：FANBAIWEISHENG DE MINGYUN FAZE

翻盘：反败为胜的命运法则

虚　舟　著

策　　划　李文峰
责任编辑　李文峰
特约编辑　侯晓辉
责任校对　李玮然
装帧设计　马　倩
出版发行　青岛出版社（青岛市崂山区海尔路182号）
本社网址　http://www.qdpub.com
邮购电话　18613853563
照　　排　梁　霞
印　　刷　河北鹏远艺兴科技有限公司
出版日期　2025年8月第1版　2025年8月第1次印刷
开　　本　32开（880mm × 1230mm）
印　　张　6.5
字　　数　149千
书　　号　ISBN 978-7-5736-2871-8
定　　价　39.80元

编校印装质量服务电话　4006532017　0532-68068050

目　录

Contents

第三部曲　事

事上练——一生一件事，人事合一

序　言
修德、积德，方能行稳致远

德是心想事成的媒介

很多人因为缺钱，所以想尽办法去赚钱，然而最后不一定能赚到钱。

企业家稻盛和夫说：“‘心想事成’是宇宙的法则。”“你心中描画怎样的蓝图，决定了你将度过怎样的人生。强烈的意念，将作为现象显现——请你首先铭记这个‘宇宙的法则’。”

既然心想事成是宇宙的法则，那么为什么大多数人没有心想事成呢?

最核心的原因就是大多数人缺失品德的修行。

我们想要心想事成，从心想到事成中间，需要有德行作为载体，厚德方能载物。

经营一家商铺或做一种生意，有的人能赢利，有的人却连年亏损，原因是什么呢？每个人的德不同。

人生最重要的是修德、积德。

很多人认为学习是指学理论、方法、技能……其实，这只是学习的最浅层的含义。

对个人成长来说，学习的内涵是学修德、积德。正如《易传·文言传》所言：积善之家，必有余庆；积不善之家，必有余殃。

其实，我们不是缺知识，也不是缺钱，而是缺失品德的修行。

德是人生的护身符

《了凡四训》指出，“惟谦受福”。人都想有福，福从哪里来呢？从谦德来，谦才能生福。所以，人如果无故对他人傲慢、无礼，那么无形中消耗了自己的很多福气。因此，“出门如见大宾”，我们每次出门的时候，都要带着接待贵宾的心态去对待遇到的每一个人，有了谨慎、尊重的心态，才能减少很多不必要的过失。

稻盛和夫说：“谦虚是人生的护身符。”其实，谦虚只是德的一种。人生在世，过程中充满了艰难险阻，会遇到各种想象不到的意外，人若想化险为夷，趋吉避凶，需要德的护佑。

“富润屋，德润身”，人有钱了，只能把自己的房子装扮得漂亮一些，有德才可以让自己充满正气，让自己成为一个真正的人。因此，“仁者以财发身，不仁者以身发财”，真正聪明的人知道钱是用来让自己修身的，懂得轻财好义，而自以为聪明的人不分是非，只觉得能赚钱就好，把自己置于危险之地，从而失去了护身符。

人只有修德、积德，才能在一定程度上扼住命运的咽喉

我们通过《大学》来看看德对于一个人的重要性。

《大学》指出：大学之道，在明明德，在亲民，在止于至善。

明明德，在于彰显光明的品德。

因此，人想过好一生，想成为一个成熟的人，能够建功立业，心想事成，首先要明明德。

光明的品德不是从外面求来的，不是来自他人的赏赐，而是人自身就拥有的。人如果把这本来就有的品德发扬好，守护好，擦亮它，让它光明起来，那么人生的结果大概是“吾心光明，亦复何求”。

很多人没有擦亮自己的品德，反而不断污染、掩盖它，品德被遮蔽了，无法发出光亮，就会导致人生处于黑暗之中。

光明的品德如同人生的一盏明灯，有它照亮，人才能走出一条光明大道，才能少走弯路。

《大学》中曾讲，“所谓诚其意者，毋自欺也”，人一定要使自己的

意念真诚，不自欺欺人。人只有不自欺才能修德。

《大学》继续指出，“‘有斐君子，终不可諠兮’者，道盛德至善，民之不能忘也”。一个人之所以被人铭记，因为他有盛德，是他的德在影响人、感化人，而不是他的地位，或是他的金钱。

《大学》进一步指出，“是故君子先慎乎德。有德此有人，有人此有土，有土此有财，有财此有用。德者，本也；财者，末也”。一个人一定要慎重地对待德，努力地修德，有德才能有财。德犹如树木的本根，财是树木的末梢。

因此，“仁者以财发身，不仁者以身发财”，有识之士，一定要通过赚钱来修德，而不能为了赚钱而损耗了自己的德。

由此可见，人要明德、修德、积德，才能建功立业、心想事成。明德、修德、积德才算是抓住了如何过好一生的根本，在一定程度上扼住了命运的咽喉。

修德的关键，在于管理自己的起心动念

一个人想要修身修德，就要管理自己的起心动念。人如果念头纷飞，一天到晚冥行妄作，就无法做到修身、修德，也无法成长、进步。

很多人对修行的理解就是吃斋、打坐、静思、闭关。其实，工作、生活、学习等都可以是修行。

谈到修行，我们就要从行为上回到念头上，随时随地正念正行，

知行合一，这才是真正的“事上练”。“事上练”实际上也是“时上练”或“时上磨”，人要随时随地地觉察自我，一旦发现了不正的念头，就立即省察克治。

因此，人生什么都可以缺，就是不能缺失品德的修行。缺了它，人就失去了创造美好人生的催化剂，人生将越来越艰难。

为什么很多人到了 35 岁以后会觉得自己做事越来越难？有人会将其归因于世态炎凉、中年危机、能力下降，但从本质去看，这其实是因为他之前一直肆意妄行，把自己的德消耗得差不多了。没有了德护体，他当然会危险重重，无法化险为夷，人生也就很难有希望可言。

当然，对很多人来说，真正认识和理解这些内容的深刻含义，也许还有很长的路要走。

前 言
人生翻盘的秘密：心、德、事三部曲

翻盘可在心上翻，改命可在心上改

我们都想翻盘、改命，但是翻盘在哪里翻呢，改命在哪里改呢？

其实，心才是一个人翻盘、改命的入口。

那么，什么是心，心在哪里呢？

有人问稻盛和夫心在哪里，他脱口而出“心是良心”。人身上“不虑而知”“不学而能”的良知、良能就是心。

因此，心即良心，即良知。

这意味着人要根据良知的指引去行动，凭内心不虑而知、不学而能的良知去践行，才能做到知行合一。一个人因此才有改变命运、逆风翻盘的可能。不然，纵使他才华横溢、出身非凡、学历高、人脉广泛、经验丰富，依然很难成事，甚至可能蹉跎一生。

很多人对良知有误解，认为凭良心就是要做一个讲道德的老好人。当然，讲道德是基本前提。此外，良知还是一种智慧，一种人生导航，具有一种天然的智能，可以引导人们走上一条未知又极其准确的人生道路，开创出一番难以想象的事业。

每个人都有逆风翻盘的机会，关键是我们能否从心出发，根据良知去行。

心、德、事三部曲

翻盘从“心”开始。一方面心是良心、良知，我们应根据良知的指引去行动，如同金之在冶，在困难中经历磨炼和考验，最终做到知行合一；另一方面心即天理，我们应秉天理（指宇宙万物的本质和规律）而行，听天命（指个人内心的理想和使命）、尽人事，最终做到人事合一。

心想事成，前提是我们能从“心”开始，达到人事合一、知行合一的状态和效果。

人事合一、知行合一是一个人翻盘改命的密码，这个密码构成了一个模型，我们称为“心轮”（见图 I–1）。

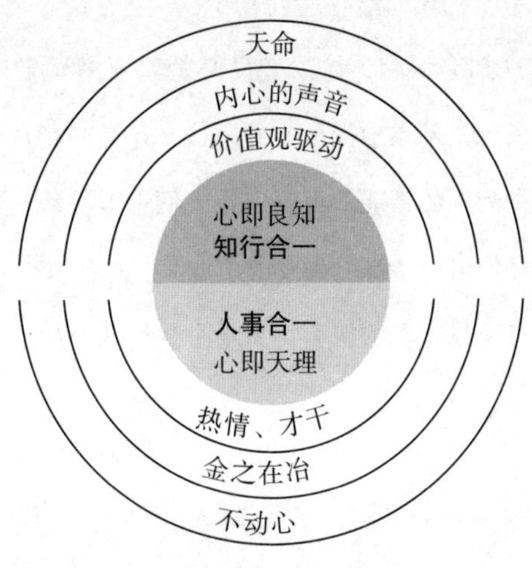

图 I-1 心轮模型图

“人事合一、知行合一”是一不是二，人事合一就是知行合一最突出的外在表达和集中体现，知行合一是人事合一最直接的内在逻辑和天然导航。二者一表一里，相得益彰。

人事合一的背后，反映的是一个人的热情与才干。同时，人需要经历一段“金之在冶”的过程，才能把热情与才干充分激发出来。最后，一个人想做到人事合一，还必须修炼不动心。人应一心一意地沉浸在自己的事上，数年、数十年如一日地坚持不懈，一以贯之。

一个知行合一的人必然是被价值观驱动的人，因为知行合一的“知”是良知，良知必然要求人按照一定的正向价值观去行动。

同时，这种良知的要求体现为一种内心的声音，一个知行合一的人必然会根据内心的召唤去行动。这种召唤，实际上来自一个人的天命，天命召唤他走这条路，并帮助他在各种关键路口做出正确的判断和选择。

人如何按照正向价值观去行动？首先，人应从天命出发，从内心的声音、召唤出发，从价值观出发，用价值观去驱动自己；其次，经受住“金之在冶”的考验；最后，做到不动心，在自己的天命之事上保持如如不动，日积月累，实现人事合一、知行合一，从而创造出惊人的成果。

当一个人能够从心出发、依道而行，达成人事合一、知行合一的时候，他就会得到一个副产品——德。

德是“心、德、事三部曲”中的第二部曲。

人根据道去走，行道有所得，就叫“德”。所谓德者，得也。一个人事合一、知行合一的人，必然是有德之人、有道之人。

厚德方能载物。有些人以为是自己的能力、资源决定了最后的结果，其实，人如果缺少德，很难成事。

一个人能否成事、能成多大事，在德不在强。

德实际上就是影响每个人命运前途的那只“看不见的手”，有了它的加持，我们才有可能真正改变自己的命运，实现人生的翻盘。

修德的核心就是时时刻刻复盘。人要时刻在自己的起心动念上保持省察克治，为善去恶、念念为善，时刻守住念头的开关，在源头和主宰处下功夫。如此，人才能正道而行，才能行道有得，才能修德、积德。

因此，修德、积德是人在日常生活中持续为善去恶、集义养气的过程。

人只有时时刻刻复盘，不断修德、积德，才能完成格致诚正、修齐治平的重大任务与人生目标（见图 I–2）。

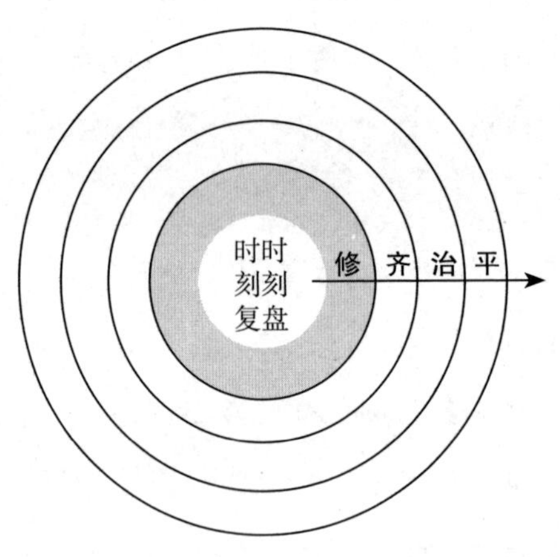

图 I–2 德轮模型图

时时刻刻复盘实际上是一个人修炼总框架的核心，也是一个人实现以德服人、以德化人、以德载物的核心。

心、德、事三部曲的第三部曲是事，一个人若想翻盘改命，既要在心上磨、德上修，还要在事上练。

首先，事上练的前提条件是找到自己一生要坚守的一件事，如此人才有实现人事合一、知行合一的可能。如果找不到这件事，我们很多时候就只能变得忙忙碌碌，最后成为庸庸碌碌的人。

人如何才能找到一生要做的一件事呢？本书提供了一个个人定位导航系统（又称个人定位九宫格，见图 I-3）。

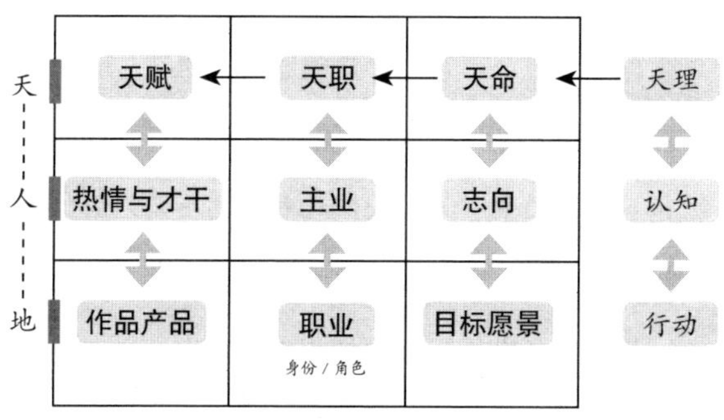

图 I-3 个人定位导航系统图

人生天地间，需要找准个人的身份、角色、定位，并通过地道将它落实到具体的实践中，最终才能实现顶天立地、天人合一。

我们需要回答 3 个问题：我的志向是什么？我的主业是什么？我的热情与才干是什么？

其次，关于事上练的节奏控制方面，我们要保持“日行 30 千米”，下日日不断之功，从而让自己的事业如雪球般滚动起来。

日行 30 千米是人优秀和卓越的分水岭。

为了做到日行 30 千米，我们需要找到几个抓手。

第一个抓手是一个标志性事件。我们需要为自己设计一个核心事件，就像曾国藩数十年如一日地坚持每天写日记，就像华杉数年如一日地坚持每天早上 5 点起床后写作。

第二个抓手是日课，完成日日不断的每日例行功课。

第三个抓手是一个或一系列服务客户的经营活动，推动自己的主业持续向前发展。

我们只有每天积累，才能从量变积累到质变。

以上就是心、德、事三部曲的核心框架和主要内容。心、德、事三部曲告诉我们，一个人有什么样的心，就会有什么样的德，有什么样的德就会成什么样的事。心决定德，德决定事，心、德、事三部曲决定人生。

心上磨、德上修、事上练，都是一回事，磨的是心，修的是心，练的是心，成功的方法就是让此心得以不断升级。心不断地升级，人就有了德，德持续积累，厚德就能载物，人就能做事成事。

真正的成功，是让心不断地升级

每个人都想获得成功，到底何谓成功，我们必须对成功有一个清晰的定义。

稻盛和夫说，人生的意义是为了在死的时候，灵魂比生的时候更纯洁一点儿，或者说带着更美好、更崇高的灵魂去迎接死亡。如果一个人死的时候，能够达到这样一种状态，就代表他此生是成功的。

成功看的是无形价值，而不是有形价值，不是看你做了多大官、赚了多少钱、有多大名气，而是看你的心有没有得到持续的升级。

只有当心经过红尘的历练，越来越纯粹，回到它原本的样子，人才能算是成功。

心的升级是阶梯式的，普通人的心就是一颗常人之心，往上走，可以升级到善人之心，再进一步升级，可以达到君子之心、贤人之心、圣人之心。圣人之心也可以叫完人之心，代表你完成了自己。

当然，心不仅可以升级，也可以退化，从常人之心退化到小人之心、恶人之心、禽兽之心。

人来到这个世界上，有着无尽的可能性，向上走可以成贤成圣，向下走甚至禽兽不如。

成功的人走正道，素位而行，让心得以不断地升级，能够活得心安理得，最后完成自己。

如果你赚到了很多钱，但是这些钱并非诚信所得，这并不代表成功，因为你的良知已经被遮蔽，你的心没有得到升级，依然是常人之心或小人之心。

你如果身居高位，但是并没有为人民服务，那么这也不代表成功，因为你的良知并未得到彰显，你的心没有得到升级，依然是一颗普通人的心。

人最重要的东西就是道德，就是走正道而有所得，拥有道德的人才能算是一个真正的人。

人只有不断地凭良心、讲道德、尽责任，听天命、尽人事、不忘本，人的心才能不断地升级，人才能从人走向真人，才能完成自己。

一个人无论做什么、出身如何、资源条件如何，只要能够找到自己的天命，听天命、尽人事，守住自己的位置，把自己应该做的事做好，珍惜并运用自己的资源与禀赋，凡事凭良心、讲道德、尽责任，就有机会升级自己的心。

人如何判断自己是否把该做的事做好了呢？“人事合一”，当我们能够与自己所做的事合一，就像新津春子与扫除合一、秋山利辉与木工合一、蔡志忠与漫画合一、李安与电影合一、李小龙与武术合一、乔布斯与智能手机合一……我们达到了物我两忘的境界，就说明我们能够把自己应该做的事做好了。

因此，每个人都有通过做好自己的分内之事而升级自己的心的机会。

“天地之大德曰生”，天地间的每一棵树、每一朵花都可以自然地生长，每一粒种子都有机会生根发芽，每一个人同样有机会由一颗常人之心不断升级到圣贤之心，从而完成自己。

人人自有定盘针，人人心中有仲尼，人皆可以为尧舜，人人皆具如来智慧德相。普通人的翻盘需要从心开始，启用并升级自己的心，致良知，最后达到知行合一的境界。

心升级的过程，就是一个人成人、成事、修身、齐家、治国、平天下的过程，就是一个人脱胎换骨、翻盘改命的过程。

人生是来完成自己的

天地万物一体，人与自然并非完全没有联系，其成长和发展同样遵循自然法则。

人从一个小受精卵而来，受精卵的任务就是长大成人，成为一个德行完美无缺的人，成为一个完人。

中国历史上被称为完人的并不多，比如孔子、王阳明，曾国藩算半个，他们都是中国人的终极楷模。但是，王阳明告诉我们，人人心中有仲尼，圣人之道吾性自足；孟子告诉我们，人皆可以为尧舜。每个人都具备圣人的体质，每个人都是圣人胚胎。

正如稻盛和夫所言，人生的目的在于提升心性、磨炼灵魂。

每个人来到这个世界上，都有成为圣人的机会。每个人来到这个世界，最终也是为了提升心性、磨炼灵魂，从而成为圣人，完成自己，回归到自己的本真。

很多人在漫长的人生道路中，把赚钱当成了唯一的目的，将自己变成了赚钱的工具。其实，金钱应该是人完成自己的工具，而不应该成为人活着的目的。

正如《大学》所言，仁者以财发身，不仁者以身发财。就像康德所讲的，人是目的，而不仅仅是手段。人应始终将人自身的发展和完成视为最高目的，金钱积累或其他目标的实现，必须服务于人的发展和完成，而非使人沦为工具性的存在。

人生成就的基本过程

在天地中间有一个代表，便是人，所以人是天、地之心，天、地、人在一起被合称为“三才”。

我们只有把人放到天地中间去考察，才能看清楚人的本质，那人的本质又是什么呢?

人的本质在于心。

心有什么功能和价值呢?

“人生是自己内心的一种投射”，这就是心的功能和价值。

心与心是不一样的，人与人是不一样的，心与心的不同反映了人与人的不同。

心的层级映射了人生的结果，人生真正的成功是让心得以不断升级。心升级的过程，就是天理逐渐充满此心的过程，因为天地万物为一体，吾心即宇宙，宇宙即吾心，心即理，人心本是天理。最后，心中全是天理，人就实现了天人合一。

天理就是人生最佳的导航。当一个人心中天理的成分越来越多，天理导航就可以为人找出人生最佳定位，让我们“知止”，为我们做出最佳的判断和选择。在纷扰诱惑面前，它会立即为我们提供预警机制，让我们一直走在正确的道路上，从而获得难以想象的成果。

人不断地根据天理导航去行动，就是一种依道而行，依道而行便会真正有所得，这就是德。道、德、天理、心，其实是一不是二。

这就是人生成就、自我完成的基本过程，就是心向上升级、天人合一的基本过程，就是一个人心想事成、翻盘改命的基本过程。

第一部曲　心

心上磨——从『心』开始翻盘

01

第一章
翻盘关键词：普通人翻转人生的密码

失恋失业、中年危机、能力陷阱、行业剧变、风口转移……在满是不确定性的人生中，是否有确定性可言？答案是肯定的。

笔者通过对几个人物逆袭案例的研究发现，在看似千头万绪的人生中，存在着一个潜藏的密码。在充满焦虑、“内卷”的时代，一个普通人如何逆风翻盘？获得这个潜藏的密码，你就能翻转自己的人生。

第一节　他如何从一个锅炉工逆袭成为有影响力的人？

有这样一个故事。

“75 后”的王勇是山东潍坊人，农村出身，祖上三代都是农民，大学读的是热能工程专业（又称“锅炉专业”）。他感觉自己太土，大学四年几乎很少和女生说话，一旦和女生说话就会满脸通红。

1998 年，王勇大学毕业，顺理成章地成了一名锅炉工，工作的地方周围全是芦苇荡，月薪 500 元。

当王勇整天与世隔绝般地在芦苇荡里晃悠的时候，他不会想到，9 年后，自己拿到了对广告人来说至高荣誉的奖项——戛纳国际广告节“戛纳狮子奖”铜狮奖。王勇也不会想到，10 年后，他成了全球最知名、最具影响力的广告公司之一——奥美的助理创意总监。

王勇更不会想到，经历 3 次创业后，他最终找到了自己的终身职业，积累了包括元气森林、得到 APP、小罐茶、江小白、戴森等一批炙手可热的品牌客户，逐渐成为这个时代最具影响力的战略营销咨询专家之一。他的咨询公司虽然规模不大，但是已经成为中国顶尖的营销咨询公司之一。

他的另一个名字也许更广为人知，即“小马宋”。

小马宋（王勇）和千千万万的人一样，出身普通。他小时候的梦想就是长大了当一名老师，读大学的时候他甚至比其他人混得还差一些，几乎连和女生一起玩耍、说话的勇气都没有。

在做锅炉工的时候，他从广播中知道了广告公司和相关的职业，梦想也因此发生了改变——他决定做一个广告人。

当初进入广告行业的时候，小马宋除了一腔热情，并没有其他优势，虽然他投了很多份简历，但是没有任何广告公司愿意录用他。哪家广告公司愿意聘用一个烧锅炉的非专业人士呢？为此，他从画画、3D Max 渲染这些最基础的事情开始摸索，然而根本搞不清方向。

这些三脚猫的功夫，并不能帮助他敲开任何一家广告公司的大门，小马宋只得“曲线救国”，通过去北京读 MBA 的方式先离开了芦苇荡。

在北京读 MBA 期间，小马宋一贫如洗，只能就着“老干妈”啃馒头。他一不小心把嗓子吃坏了，留下了嗓子哑的后遗症。

为了养活自己，他不得不开始找一些兼职，后来成了报纸地产观察栏目的一名策划，开始向广告行业靠近。

他在广告行业的就业经历可谓十分曲折，由于他在策划领域积累了一些经验，终于有一家广告公司愿意聘用他了，不巧的是，由于一场意外，他被封闭在学校里，完全无法出去工作。

很久后，小马宋终于有机会进入一家本土广告公司，可惜公司竟然没什么客户，6 个月后公司濒临倒闭，他实在待不下去了，不得不离开。

此后，他又找了一家韩资的广告公司，令人悲伤的是，试用期还没结束就被新来的老板给裁掉了。

后来，他机缘巧合地进入一家 4A（美国广告代理商协会）国际广告公司，职位是初级文案，月薪是税前 5000 元。从此，他的才干和职位开始不断地攀升。

小马宋的人生经历和每一个普通人的没有太大的区别。发了很多封求职信却找不到一份工作，跳槽了无数次工资依然少得可怜，甚至不得不和爱人分隔两地去一个很遥远的地方工作，年纪很大却要和一群刚毕业的大学生一起做一份很普通的工作，时常不知道自己到底去往何方……这些，小马宋也都经历过。

是什么让王勇变成了小马宋？王勇是如何从一个锅炉工逆袭翻盘的呢？

第一个原因就是，知行合一。

知行合一是王阳明在龙场悟道后提出的一个重要的心学概念，是阳明心学的三大基石之一。很多人对知行合一的理解就是“知道做到”，比如说知道早起很重要，就坚持做到早起，其实，这并非知行合一的本义。

王阳明所说的知行合一中的“知”是指良知，你的行动要和你的良知合一，你的行动要听从内心良知的指引。

良知是“不虑而知、不学而能”的，即本自具足，因此，良知知道你的生命意图，你按照良知的指引去行动，才有可能走到本该去的地方。你的行动，一定要服从于你内心真正的指引。在这一点上，小马宋表现得非常突出。

在芦苇荡里的时候，他从广播中得知广告行业后，便义无反顾地去做广告，这来自他内心深处的召唤。

什么是内心的召唤？它就是一种感觉，你的内心有一个声音告诉你要去做某件事，但是你无法从理性的角度分析做这件事的原因。但是，你的内心就是有这种冲动，且时不时地折磨你，少数人选择顺应内心的冲动，但是大多数人选择压抑内心的声音。

从高中起，小马宋就非常喜欢看广告、听广告。任何广告，他只要看过一次或听过一次就能完全记住。为了进入广告行业，他愿意和一群十几岁的小朋友一起学习素描、水彩，向比自己还年轻的老师请教……

为了进入广告行业，他在读 MBA 期间选择的兼职是和广告行业接近的地产栏目策划。他做起了写软文、拉广告的生意。虽然收入越来越多，让他还清了此前的借款，还有了人生中的第一笔存款，而且每月能拿到 10000 元左右的工资，每周只用坐班 3 天，但是他被内心的一团火炙烤，毅然放弃了这份不错的工作，继续投简历找理想中的工作。终于在 28 岁时，他获得了一个本土广告公司初级文案的职位，工资 3000 元，还没有任何保险。

一个人能够放下自己千辛万苦取得的不错的成果，才是真正的敢于放下。

不属于我的，我不要。虽然这个工作很赚钱，但是它不是我真正想追求的，我宁愿不要，也不愿在此苟且。

小马宋没有忘记自己的广告梦想，选择跟随内心去行动，这才是真正的知行合一。

后来，为了继续在广告行业精进，他选择离开北京，独自奔赴山东省青岛市做广告工作，工资是税后 3500 元。

在人生遭遇重大选择时，他的判断依据是目前的工作是否有利于实现自己的梦想，他甚至为了实现梦想，愿意自降身价，克服重重困难。他始终按照内心的指引在勇敢地往前走。

小马宋的职业生涯可以简单地划分为三个阶段。

第一阶段（2004 年—2010 年）：广告人。他通过努力入职业内大公司，做助理创意总监，在戛纳获奖。他从一个广告新手迅速成长为高手。

第二阶段（2011 年—2016 年）：互联网创业者。这期间，有几件对小马宋相当重要的事情发生。他先是与合伙人联合创办在线教育公司“第九课堂”，创建了“中国文联”微信公众号（后改为“小马宋”）开始写作。2015 年，他以独立顾问形式与罗辑思维共同发起了“甲方闭嘴”营销活动。2015 年年底，他为罗振宇“时间的朋友”跨年演讲创作系列海报等。

第三阶段（2016 年至今）：营销咨询者。2016 年，他创办了北京几件事文化有限责任公司，后公司更名为小马宋营销咨询（北京）有限公司，开始接触战略营销咨询业务，并积累了很多优秀的咨询案例。

如果说在第一阶段，他的梦想是成为一个广告人，那么在第二阶段，他还并未想清楚以后到底要做什么，属于二次探索的阶段。在第三阶段中，他的想法变得清晰起来，即进入营销领域，从广告转战到营销，他开始做营销咨询，为客户创造价值。

他一直说不想把公司做大，也没有多大的梦想，目前来看，小马宋或许要调整自己的想法了，因为他极有可能将公司做大，2022 年公司年会的主题也变成了“慢慢变大”。在这一阶段，使自己的公司真正成为一家为客户创造价值的战略营销咨询公司，成为小马宋的内心召唤。这次和之前一样，当他内心的那个声音再次出现的时候，好运又一次降临了。

他曾经谈到喜欢和热爱的区别。

喜欢是有条件的，会考虑利益得失；热爱是无条件的，是不计较的。

对企业与品牌的经营者来说：如果你喜欢自己的企业与品牌，那么它是系统设计的结果；如果你热爱它，那么它就是呈现创始人灵魂的东西。小马宋致力于通过营销咨询的方式，帮助中国企业少走弯路，持续增长效益。

如果说之前的他只是站在岸上看汹涌波涛，那么现在他要做的就是跳下水，和客户一起在时代的大浪中搏击。

我们从上述的三个阶段可以看出，小马宋是跟随内心召唤去行动的人，是知行合一的人，这才是他能够翻盘的核心原因。

这就是知行合一的力量。

小马宋的人生当中有三次开窍。

第一次是在中考之前，他对如何学都学不会的数学、英语科目突然开窍了，这让他一举成为当年中考的黑马，考进了县城重点中学。从此之后到高考阶段，他始终保持着高中全校第一的名次。

第二次是进入广告公司之后，他从网上下载了 20000 多个顶尖的创意作品，反复看了 3 遍以上。同时，他收集了世界上经典的文案，并全部手抄了一遍。半年后，他对广告的基本规则非常熟悉，快速度过了新手阶段。

后来，他凭借自己的积累和勤奋，在进入广告行业 3 年后，便拿到了戛纳国际广告节铜狮奖。

第三次是离开广告行业，即 2011 年创业后，他接触了大量的创业者，也实际操盘了很多的项目，逐渐有了一些名气，年收入达到百万元，从一个打工人成为一个不错的创业者。他的认知快速增长，从此小马宋进入了一个完全不同的世界。

他说，他对营销这件事开窍，在2013年左右，他偶然读到《超级符号就是超级创意》这本书，后来华杉老师就成了他的引路人，他也在几个项目上与华与华（上海华与华营销咨询有限公司）合作。

在营销上开窍以后，他便逐渐从“创意人”转变成“营销人”，这为他最终走向战略营销咨询打下了基础。

我们可以看到，小马宋在广告行业、营销咨询行业的能力、认知提升是指数级的。他很快从一个广告行业的新手转变成广告高手（文案能力、创意能力是他的核心优势），从一个广告高手进化为战略营销顾问，从一个普通的打工者成为一个优秀的创业者，从一个不想将公司做大的创业者转变成一个可以将公司做大的创始人，皆是因为他走在热爱的道路上，始终锁定自己的优势，这就是“知行合一”带给他的礼物。

他说：“我对广告很痴迷，大学的时候就对广告很有兴趣，可惜不得其门而入。后来，我曲线救国，在毕业6年后成为广告人，所以非常珍惜这个机会，几乎是以百倍的精力投入到了工作中。虽然真实的广告公司工作很辛苦、很累……但由于我喜欢这个工作，我一切都不以为意。”

其实，在很长一段时间里，他也一直在思考广告的价值。

“我从传统广告做到互动广告，后来又去做社会化营销，但这个困惑始终没有解开：我们究竟为客户带来什么价值？客户给我们那么多钱做传播真的值得吗？从主观的感受看，我个人觉得是不值得的，因为我自己会想，如果我是甲方，我肯定不会这么干。

“那时候，我看《一个广告人的自白》《科学的广告》等经典广告书籍，它们带给我的是困惑，我并没有想明白广告是什么，因为我们确实不知道现在自己做的广告有什么效果，以及广告为什么会有用。

“如果说广告是依靠创意的话，那么像完全告知性的、通知式的广告怎么会有效呢？”

这些是小马宋在从事广告行业阶段没有想明白的问题。

有时问题即答案，带着这些问题，他走上了一条与传统广告人完全不同的道路。如果没有这些问题，他就失去了对行业的探索欲，这样也许就没有后来的小马宋了。

他离开广告行业以后，独自创业，遇到了和之前完全不同的问题。经过摸索，他开始转向营销。

明白了什么是营销后，他再次充满热情，痴迷营销，因为他终于知道自己的事业方向，知道自己一定可以走到底，即使失败，也问心无愧。

他说：“我不担心成功不成功，只想现在好好去做。”“所有的瞎折腾，原因都在于没有思考清楚自己究竟想要什么，以及该如何去做。”

因此，人如果想清楚了自己想要什么，那么愿景和路径就会变得异常清晰，这种清晰来自自己对内心的某个声音的坚守与合一。

知行合一所带来的就是能力和认知的快速升级。

当一个人走在知行合一的道路上，他的能力会快速提升，他的认知会迅速升级。

因为，当一个人能够做到知行合一的时候，他所做的事就是他冥冥之中要做的事，即“主业”，是不虑而知、不学而能的事。

你可能会说小马宋对广告一无所知时，甚至还去学画画，他哪有什么天赋？

其实，与其说小马宋后来学会了文案、创意，不如说他本就具备做文案和创意等工作的天赋。正如稻盛和夫所言，任何人的任何才能都是天赋。

一个人杰出的才能，以及由这种才能创造的成果，属于他却不全归他所有。才能和功劳不应由个人独占，而应该用来为世人和社会谋利。一个人将才能用来为“公”是第一义，用来为“私”是第二义。稻盛和夫认为，才能绝对不能私有。

每个人的才能和才干，是先天就隐藏在那里的，只看你能否挖掘出来。

为什么小马宋在广告行业的进步如此快速？他是如何做到的？

一方面，他的努力和勤奋肯定是不可忽视的；另一方面，他的天赋和才干正是在此方面。

他仅靠努力和勤奋，能够在热能工程专业方面快速进步和升级吗？目前来看，这是不太可能的。正如他自己所说，在他的同学中，有人成为国内锅炉方面的知名专家，有人在近几年环保的压力下，靠提供锅炉的环保方案收益颇丰。

为什么小马宋没有成为锅炉方面的专家？为什么小马宋没能通过锅炉环保方案获利？因为，那不是他的天赋所在，或者说不是他的天命所在。

人如何才能找到自己的天赋或天命呢？

人需要遵从内心深处的呼唤。对小马宋来说，当在完全不知道广告行业的情况时，他毅然决然地要去做一个广告人，这就是来自内心的声音的驱动。

当他听从这个声音的时候，当他走对路的时候，他的能力与认知以惊人的速度提升，因为他正在开发本来就属于他自己的东西，他在取用他原本就有的宝藏。这就是所谓的“圣人之道，吾性自足”。

一个人没有听从内心的声音，随处乱挖，很难挖出宝藏。这如同拿着一张无标注的地图乱走，人是很难走到目的地的。

第二节 从穷小子到年收入 3 亿元，他如何逆风翻盘？

在很长一段时间内，微信几乎撑起了腾讯的半边天，“微信之父”张小龙因此被封神，成为当今互联网世界大神级的人物。

有人说，没有马化腾的张小龙，也许只是一个落魄的中年程序员；也有人说，没有张小龙的马化腾，他的腾讯也许早已从互联网三大巨头的神坛上跌落。这都不无道理，但是，历史无法假设，也许彼此成就，才是这件事的真相。

2023 年，生于 1969 年的张小龙 54 岁，已过知天命之年。此时的他，回顾自己的前半生，估计已经知道了什么是自己的天命，正如他十多年前在饭否（以 140 字短文本为核心的迷你博客网站）上的日记所言：“这么多年了，我还在做通信工具，这让我相信一个宿命，每一个不善沟通的孩子都有强大的帮助别人沟通的内在力量。”

说完这句话又是很多年过去了，他依然在做通信工具，这也许就是张小龙的天命，就是张小龙一生执着的那一件事。

生命蓝图、生命意图就是人生最大的战略，高于所有的算计，高于所有的努力。张小龙说，人只是基因操作的一台机器，绝大部分的生存和选择策略，已经被写在基因的程序库里。人只是不自觉地听从这些基因制定的策略，却以为那是自己的头脑做的选择。少数人可以挣脱基因的控制并产生自己的选择策略，但是，这少数挣脱基因控制的人，只不过是又不自觉地掉入了生命蓝图的控制之中而已。

那么，人还有没有自由意志可言?

答案是，有。

生命蓝图、生命意图仿佛是一个人生剧幕的导演，是导演设计了一切。好消息是，导演和演员是同一个人。

当然，现在回头去看，总免不了一种事后诸葛亮的感觉，相信在18岁的时候，张小龙不会想到自己的未来是如今这个样子。那时，他刚刚从湖南邵阳老家考到华中工学院（华中科技大学前身）电信系读书。大学期间的他，又闷又爱睡懒觉，有时能闷头睡到中午12点，醒了就穿着拖鞋在校园里四处溜达。在张小龙的研究生导师向勋贤的眼中，张小龙是一位“不爱说话，喜欢捣鼓电脑，喜欢睡懒觉的年轻人”。

同样是出生于1969年的雷军，读的是武汉大学，学校离当时的华中工学院直线距离只有十几千米。雷军在读大一的时候，受一本名为《硅谷之火》的书的影响，早早就立下了自己的志向——要打造一家世界级的伟大企业。那时候，雷军只有18岁，而同样18岁上大学的张小龙，压根不知道自己的理想在哪里。他当时读的并不是自己喜欢的软件开发专业，为此他非常苦闷。一个同学对他说：“你不喜欢还搞什么，去做你喜欢的。”在这个同学的鼓动下，张小龙盯上了那时刚刚出现的C语言，在一台电脑前一坐就是一天。“总能看到一些闪闪发光的程序员。给他一台电脑，他能创造一个世界。”张小龙的这句话说的或许就是他自己。

25岁的时候，他也绝对不会知道自己的未来是什么样子。那时，本硕连读读了6年的张小龙终于毕业了，他得到了一份光鲜的电信国企的工作。不过，当他仰头望向电信大厦的时候，一种“窒息感从头顶笼罩下来……”，他知道，这不是自己要走的路。于是，他毅然辞去工作，南下广州，到改革开放的前沿阵地去寻找属于自己的机会。

能知道自己不要什么，并坚决地不要，这样的人也是少见的，很多人会告诉自己，要忍耐，要现实一点儿。出生于农民家庭的张小龙，虽然家境清寒，并没有多少任性的资本，但是也没有向现实妥协。

28岁的时候，他也绝对不会想到自己的一生会与通信软件联系在一起。那时，他凭一己之力开发出了一个邮件客户端软件Foxmail，2000年，收获了200万用户。Foxmail成为当时国内最先进的邮件系统，由于软件太好用，张小龙不得不开放语言包，由粉丝们将其翻译成各种语言。时至今日，Foxmail英文版的用户遍及20多个国家和地区。

但是，这样一款软件除了让张小龙成为国内顶级程序员之外，并没有给张小龙带来任何经济上的收入，因为软件免费，并且他又不愿意加入任何广告，所以当时坐拥 200 万用户的张小龙依旧一贫如洗。

有记者问张小龙，为什么 Foxmail 不收费？张小龙说，他一直没有勇气将 Foxmail 转为商业运作，而如果 Foxmail 没有自己的市场人员、开发队伍和技术支持队伍，对用户收费是不负责任的。

1998 年 9 月，雷军联系上了张小龙，试图买下 Foxmail，张小龙出价 15 万元。可惜双方有缘无分，收购最后不了了之。

2000 年 4 月，博大公司以 1200 万元收购了 Foxmail，张小龙进入博大任公司副总裁兼技术总监，他的人生似乎迎来了一缕曙光。

但是，张小龙绝对不会知道，后续故事更为精彩。这或许是命运对他的奖赏。

2005 年 3 月，腾讯收购了 Foxmail，张小龙及 20 位 Foxmail 团队成员正式加盟腾讯。据说，当时张小龙不愿意去深圳上班，马化腾在广州成立了研发中心，张小龙得以继续留在广州。

张小龙加入腾讯之后的主要任务，就是“修理”当时半死不活的 QQ 邮箱。

一番曲折的经历后，QQ 邮箱终于焕发生机，到 2010 年，QQ 邮箱的用户数已经突破了 1 亿。而那一年，QQ 的同时在线人数也刚好突破 1 亿。

把 QQ 邮箱的用户量做到全国第一后，张小龙有些意兴阑珊，基本进入半退休状态。

此时，张小龙已经 41 岁，业界甚至有不少质疑的声音传来：廉颇老矣，尚能饭否？

但是张小龙毕竟不是廉颇，命运也没有让他停止攀登的脚步，因为他毕竟是一个“被上天选中的人”。

2010 年 10 月，美国一款免费发短信的手机软件——Kik Nlessager 上线，短短半个月就拥有了 100 万用户。看到这款软件以后，张小龙似乎嗅到了一些危机。

就像猎人闻到了猎物的气味，他立马给马化腾写邮件：“每个时代都有划时代的产品，我们应顺应移动互联网趋势，开发移动社交软件……你是要自己革自己的命，还是等着别人来革你的命？”

马化腾回了四个字：“马上就做。”

于是，微信正式立项，并在第一个版本发布后 2 年里做到了用户数过亿。后来的故事大家都知道了。截至 2024 年 12 月 31 日，微信月活用户增长至 13.85 亿，成为国民通信的基础工具之一。

是什么成就了张小龙？是什么让张小龙逆风翻盘？

实际上，这是很难用一个词、一个概念说清楚的，就像他自己所说的，“当你成功了，他们来分析必然性。当你搞砸了，他们来分析必然性。他们先看结果再说话，这叫结果导向”。

有人说：张小龙第一战，成就中国顶级程序员之名；第二战，成就QQ邮箱的辉煌时刻；第三战，成就微信帝国，自此封神。

无论是微信，还是QQ邮箱，还是Foxmail，我们也许要说，是美好的作品成就了张小龙。

一个人到底是厉害还是不厉害，没有人能够知道，但是他的作品好不好，这是可以知道的，因此，一个人要想改变自己的命运，首先就必须致力于打造自己的美好作品。作品就是你的代言人，作品就是你的名片，作品有时就是你的最好证明。

乔布斯的作品是iMac、iPad、iPod、iPhone等系列产品以及苹果公司，雷军的作品是小米手机、小米汽车以及小米公司，马化腾的作品是QQ即时通信软件以及腾讯公司，每一个牛人都有自己的美好作品。

对于张小龙来说，没有Foxmail，实际上就不会有后来的博大公司以及腾讯公司的收购，没有腾讯公司的收购，就不会有后来主责QQ邮箱，没有前面的这些经历，或许就不会有后来的微信。

因此，Foxmail是张小龙的起点，也是他人生的战略转折点。也可以说，没有Foxmail，也就没有后来的张小龙。

因此，是什么成就了张小龙？

我们也可以说，是Foxmail成就了张小龙，让他一战成名。

虽然Foxmail并没有让张小龙赚得盆满钵满，甚至还导致他更加穷困，但是不可否认的是，张小龙人生的转机就是Foxmail。

Foxmail让他两年吸引了200万用户的关注，让他享誉全球，让雷军、周鸿祎、马化腾等一众企业家在很早就注意到了他。

而他为什么要做Foxmail呢？他又是在什么样的情况下做出了Foxmail的呢？

他大学毕业来到广州以后，实际上先后加入了两家小型的软件公司。他白天上班，晚上就开始写代码。“当你的付出与回报相差太远时，当你的才能被遏制的时候，你会投入全身心去选择完成一件自己有兴趣的作品。”可见，他证明自己的方式，就是全身心地去创造一件作品。他在不自觉当中选择的这个有趣的作品，就是Foxmail。

而他选择作品的标准，就是兴趣。

当时张小龙投入全部热情所做的事，就是通过写代码去开发一个通信软件。他把一个年轻人所有的心血、全部的灵魂，都倾注到了这个作品当中，这个作品问世不久，就俘获了200万用户的心。

就像他后来在微信10周年时所讲的：“回头看10年前，我当时的想法只是，希望有一个适合自己的通信工具来用，于是就做出了微信的第1版。但当时我绝对没有想到，10年后的微信会是现在这个样子。对此，我自己感觉特别幸运。我想我一定是那个被上天选中的人，因为光靠个人努力是做不到这一点的。”

这段话也可以用来总结他做Foxmail的过程，正如他读大学时的老师刘玉在文章中说，他一开始“只为了‘自己好用’而开发纯中文版的电子邮件客户端系统……他做好之后也没料到会迅速传开……”。这是一件非常幸运的事。当时，Foxmail的成功，张小龙光靠努力是做不到的，天时、地利、人和，三者缺一不可。

为什么是通信软件？为什么后来一直是通信软件？一入通信深似海，回首已是知命人。这或许就是宿命，就像前面所提到的，正因为他是一个不善沟通的孩子，他内心深处当然就有一个强烈的愿望，要去改善自己的现状，要去帮助更多人改善拙于沟通的困境。就像一个吃尽苦头的人，他总有一个朴素的强烈的愿望，要去拯救更多正在吃苦的人，这也许是一种深藏的人性。

实际上，做出一个自己作品的想法，不是张小龙在到广州以后才有的，他在大学时代，就萌发了要做一款自己的软件的想法。

正所谓“心不唤物，物不至”，这个有趣的作品，是张小龙的内心呼唤来的，且呼唤了很多年。

因此，驱动他开发出 Foxmail 的，正是他的内心的那个呼唤、那种冲动，而这种冲动表现于外，便是所谓的兴趣和热情。他说：“好几年我都习惯于晚上写程序白天睡觉，写 Foxmail 也没有一分钱的收益，能坚持下来全靠兴趣支撑。”

就像刘玉所讲的，“干大事业”并非张小龙的追求，他只不过是一个把自己喜欢的事情做到极致的聪明人。

而这个兴趣和喜欢，也要追溯到大学的时候，那个时候，他迷上了 C 语言。据他的同学回忆，他深陷于一行行代码中不亦乐乎，每天一起床，就骑车赶到珞珈山上的实验室，在电脑前一坐就到夜里 12 点。

张小龙对代码深深的痴迷，使他忘记了时间，忘记了自己，与一行行的代码合一，每个代码都包含着张小龙的灵魂。

张小龙是在用灵魂打造 Foxmail，这就是他能打造出 Foxmail 这个绝佳作品的原因。

因此，在将 Foxmail 卖给博大公司以后，张小龙表现出来的不是兴奋，而是异常低落，以致不得不去了一趟西藏散心。当时张小龙写下了一段话：

> 我说："我把 Foxmail'卖'了。"说完这句话，我突然有一种很深的失落感，好像那一刻才意识到，Foxmail 是真的要离我而去了。一个与我朝夕相处了 4 年的伴侣，一件 4 年来我精雕细刻的作品，从灵魂到外表，我能数得出它的每一处细节，每一个典故。我对它倾注了太多的心血和关爱，在我的心中，它是有灵魂的，因为它的每一段代码，都有我那一刻塑造它时的意识。我突然有了一种想反悔的冲动。我写了 10 年程序，第一次，我为我对自己的一个作品的不再拥有有如此强大的失落。失去才知道宝贵。这个时候，我才明白"她"在我心目中的地位原来是这么的重要。Foxmail 的 80% 是我在夜深人静的时候完成的。我只想将它雕塑成一件艺术品。

所以，Foxmail 不是一个粗制滥造的庸俗品，而是一个用灵魂打造出来的活的生命体。他说："一个系统它真的有生命力的话，肯定会有草和树木长起来，不需要我们去推动。"

在Foxmail的开发过程中，他也没有去推动什么。他只是全身心地做好自己的产品，剩下的就交给产品自己了。这像极了乔布斯，用产品说话，而不是用运营说话。产品不好，你再运营也没有用。

回忆微信立项之前，他给马化腾写邮件的那一晚，他说：“整个过程起点就是一两个小时，突然搭错了一根神经，写了这个邮件，就开始了。”

几年后，马化腾感叹：“若微信是别人家的产品，那腾讯真的是难以招架了。”马化腾得多感激这个“搭错神经”的行动啊！

微信的开发是如何开始的呢？只是张小龙“突然搭错了一根神经”，然后便开始了。

我们也可以想象，Foxmail的开发是如何开始的呢？大概也是他“突然搭错了一根神经”。

什么叫“搭错神经”？实际上，这是一种灵魂深处的刻意的选择、主动的选择、自动的选择。

做一个移动端的通信软件，张小龙一直在等待类似的机会——或许，他自己都不知道自己在等待——所以，一旦这样的机会出现，他便不自由主地选择了它。这是一种内心的声音，似王阳明所讲的“知行合一”。

知行合一也是“突然搭错一根神经”，从知道到做到，中间是没有任何停顿的，就像闻到恶臭，不需要想一下要不要去讨厌，你自然而然就会去讨厌，这中间没有任何思考。

这个“知”，是一种内心的声音，是一种灵魂的声音，你能跟随这种声音去行动，就做到了知行合一。

这就是乔布斯所讲的：“最重要的是，拥有跟随内心与直觉的勇气，它们不知何故已经知道你真正想要成为什么样的人。任何其他事物都是次要的。”

这种类似直觉的“一时兴起的想法”是非常重要的。在笔者看来，人们心中浮现的各种“一时兴起的想法”是发现与发明的原动力，使人们拥有了今天的科学技术。

就连张小龙自己都说，有的时候他会发现很多的想法看起来是突如其来的，但其实或许是冥冥之中所注定的。

所以，是什么成就了张小龙？

知行合一成就了张小龙。

人要做到知行合一，并不是一件容易的事，这要求人更加纯粹。纯粹是指一个人能够摆脱物欲的影响，按照自己内心真正的想法去判断和选择。

知乎上有人提问：“乔布斯教给人的最重要的事是什么？”张小龙的回答是：“纯粹，也是可以成功的。”

其实，这说的无疑是他自己，张小龙同样是一个纯粹的人。

知乎上还有一个问题：“做 IT 行业怎么才能发财？”张小龙的回答是：“当你不想着发财的时候，就有可能发财了。”

这说的无疑也是他自己。

这就是一种纯粹的智慧：奔着钱去的人，往往赚不到钱。

在Foxmail盛行的年代，周鸿祎去广州找张小龙，跟他说：“你要学会（在Foxmail里）加广告，要赢利。”张小龙的回答往往是：“为什么非要这样？我有用户，有情怀……”

有人说，张小龙从来就不是个生意人，只是搞技术。虽然后来他也懂得了商业化，但其自身自始至终就不是一个商人，更多的人把他看成一个艺术家：他会将迈克尔·杰克逊的名言放到微信3.0版本的启动画面中，将崔健的音乐《一无所有》放到微信4.5版本启动页面，将许巍的《蓝莲花》歌词挂到QQ邮箱的登录页，将热爱摇滚作为招聘产品经理的重要加分项……

这种纯粹，让张小龙一开始就能遵从内心的选择，而不至于受到环境的影响。即使一贫如洗，独力难支，即使坐拥几百万用户，他依然不会考虑去收一分钱。

这种纯粹，让他知道什么是对的，什么是不对的。“这个不对……”据说是他在工作场景当中的口头禅，因而在某些时候，他也是独裁式的，会坚持自己的意见而不会去求得所有人的认同。

创造就是把东西连接起来。如果你问有创造力的人是怎么做出东西的，他们会有一点受罪感，因为他们并没有真正“做”东西，他们只是能“看到”东西。观察一段时间之后怎么做就会变得非常明显。这是因为他们能把自己的经验和新东西综合起来。因为他们拥有比别人更多的经验，他们对自己的经验想得更多。

实际上，从一开始，张小龙就是看到了Foxmail，看到了微信，看到了自己要走的方向，然后知行合一地走了下去，然后“前方自然变得明朗起来”。这就是张小龙的全部秘诀。

真正的忠诚是忠于自己的内心、守得住自己的内心。

可是，没有几个人能够真正守住自己的内心。

第三节　从“小镇青年”到顶尖投资人的翻盘心法

一提起中国顶尖投资人，你也许会想到经纬创投创始管理合伙人张颖、高瓴集团创始人张磊、红杉资本中国基金创始及执行合伙人沈南鹏等，他们共同的特点是海归背景，在一流大学读书，在国际化的金融创投机构有从业经历，往往做到很高的级别，最后才自己创办投资机构。

但你绝对想不到的是，一个出生于江西大余县农村，从小放牛砍柴，初中就开始贩卖冰棍，高中则去服装店、游戏厅打工，大学到处去做家教、承包录像厅的小镇青年，一个没有任何投行工作经历的非金融科班生，可以成为中国的顶尖投资人，投出理想汽车、唱吧、趣店、小牛电动、58 同城、科比特航空、星河动力等初创公司的代表案例，而且获得业内高额回报。这样的人可以说是凤毛麟角。

这个人就是北京梅花天使成长创新创业投资有限公司（以下简称“梅花创投”）的创始合伙人吴世春。

吴世春的“二次重生”

在创立梅花创投之前，从2002年开始，吴世春有5次创业的经历，包括做视频广告系统、即时通信业务、酷讯（后转型为旅游垂直搜索）、基调网络（互联网应用系统质量监测及用户体验评估机构）、食神摇摇（一款个性化餐厅推荐应用软件）等。其间他兜兜转转、曲曲折折，都没有取得过大的成功。

其中，酷讯是吴世春生命中的一个重要节点，也是他心中抹不去的痛。虽然酷讯宣称要打造下一个百度，而且一早就募集到了投资，但是最后事与愿违，因为战线拉得太长，没有得到预期的结果，加之投资方的不满，吴世春被迫离开了酷讯。

但是这段经历为吴世春留下了宝贵的财富，也为他今后的转型埋下了伏笔。

2009年冬天，曾为酷讯工程师的叶凯带着三个人找到了吴世春，详细讲解了他们正在做的一个社交游戏项目以及其前景，讲来讲去，万事俱备，只欠东风，就是没钱，希望吴世春能够投资他们。吴世春后来回忆说：“虽然我当时对社交游戏完全不懂，但是被他们的热情、追求梦想的精神感动了。还没有吃完饭我就决定投他们了，问他们要多少钱。”

最后的结果是，吴世春出资40万元，占20%股份，叶凯等人就是玩蟹科技的创始人。虽然这笔投资数额无法和动辄千万级的投资相媲美，却为吴世春带来了极大的回报。

2013年，玩蟹科技被掌趣科技以17.39亿元的价格全资收购，吴世春当初的40万元换来了6亿元的回报，回报是当初投入的整整1500倍。除了股票，他拿到手的现金就有7000多万元。

这次出资，彻底改变了吴世春的人生轨迹。

2014年4月28日，吴世春与美丽说创始人徐易容、基调网络创始人陈麒麟、玩蟹科技创始人叶凯、唱吧创始人陈华、现任清流资本董事总经理王梦秋、现任梅花创投合伙人张筱燕等好友一起吃了一顿火锅，席间，大家都鼓励吴世春成立一家早期投资机构去帮助创业者。

于是，这顿火锅聚餐之后，梅花创投成立。在此之前，投资只是吴世春的副业，他个人出资投了十几个项目，而机构的成立意味着他正式从一名创业者向专业投资人蜕变。

2017年，梅花创投投资的趣店在纽约证券交易所上市，市值一度突破100亿美元，这是吴世春的第二个回报超1000倍的项目。

有人评价，在成功率仅4%的早期投资领域，8年的时间，吴世春投中两个千倍回报的项目，命中率远远高于同行。吴世春的投资生涯可谓惊喜不断。

吴世春的投资风格以“快准稳”著称，人称他“快狼”。由于最初投的都是熟人，他甚至几分钟之内就可以决定投或者不投。对不熟悉的项目，他两三天也可以做出决定。吴世春坦言，一旦认可了，当然要快速去做。梅花创投的同事基本上是24小时待命的，出投资条款，协议签署完成当日打款。

梅花创投专注于智能制造、人工智能、新消费、新内容、企业服务、移动出海等新经济领域的投资，投资领域已覆盖企业600余家，涌现出的代表案例包括：大掌门、趣店、小牛电动、赤子城、理想汽车、优客工场、悦安新材、58同城、转转&找靓机、听云、福佑卡车、科比特无人机、珞石机器人、星河动力等大批知名案例，未来将有50余家企业完成上市。

吴世春在酷讯时期的合伙人陈华曾分析过梅花创投迅速崛起的三点原因：

第一，进入市场的时间点合适。梅花创投成立的时间比国家提倡"双创"早了半年多，后来才有各路资本和创业者疯狂涌入创业投资市场。

第二，投资风格比较"接地气"，没有各种条件和约束，"看得顺眼就投资，没有太严格的限制"。

第三，运气好，"天使投资60%～70%靠运气、赌概率，30%～40%靠人脉和眼光"。

有些人似乎天生就是做某项事业的，就像吴世春之于天使投资。

从创业转做天使投资以来，吴世春"像获得了二次重生"，自己的认知打开了，结交的人、见到的风景也发生了巨大的变化。"创业时会担心做不好，会很焦虑。做投资以来好像完全不焦虑了。"

"我觉得投资可以成为人生最后一个职业，所以应该会一辈子做投资……想清楚这（天使投资）是人生中最后一份工作了，就不会着急，会在未来20年继续努力干。”吴世春说。

当初在江西大余的放牛少年，绝对不会想到自己以后能走这么远。他取得的成果都是基于个人的努力还是命运的特别眷顾呢？

秘诀就是“人事合一”

在梅花创投的投资哲学当中，吴世春常常提到“人事合一”。他曾说，对于梅花创投，他们的投资算法就是四个字，就是“人事合一”，借鉴王阳明的知行合一。

为什么是人事合一呢？

因为离开人去谈事情，和离开事情去谈人，都是以偏概全的，所以人和事不分先后，不可分割。

举个简单的例子。锤子科技的创始人罗永浩，他去做手机的行为其实是看起来不靠谱的，不管他自认为多么厉害，他挑战的对手对他来说都是不可战胜的。

如今，虽然他不情愿地走到直播带货领域，但是此领域对他来说一马平川。他迅速成为顶级的带货网红，而且偿还了债务。

其实，很多创业者不要着急，你如果现在没成功，是因为还没找到符合你的事情，你一直在牌桌上面不下桌，就有机会。

这段话其实很重要，这说的也是他自己，是他个人成功的一个重要秘诀。

当吴世春一次又一次去创业的时候，总是很难有大的成果，不是公司被卖掉，就是自己被迫离开，或者最后不了了之。他经历了多次的创业，有了各种各样的经验教训，天时也好、地利也好、人和也好，总是差一点儿。但是与创业之路形成鲜明对比的是，他一跳到投资这条路上，局面立马有了翻天覆地的变化，好像这条路是专门为他定制的。他一出手就是超 1000 倍的回报，也难怪他身边的好朋友都鼓动他出来做投资了。

2009 年，他投给了玩蟹科技 40 万元，2013 年收获了 6 亿元。这一年可以说是吴世春的收获之年，但这不是传奇的结束，而是另一个传奇的开始。这一年他又看中了罗敏，也就是后来趣店的创始人。罗敏创业多次，屡战屡败、屡败屡战，吴世春每次都追投，坚定地相信这个年轻人可以做出一点儿成绩。果然，2017 年趣店赴美上市，市值一度达百亿美元，成为吴世春投资的第二个超 1000 倍回报的项目。当日，吴世春在朋友圈写道："趣店上市现场，记录自己投资生涯里的第一个百亿美元公司。感谢这个时代给予的机会。"

吴世春在投资这条赛道上可谓顺风顺水，投一个项目又快又准，不时能投中"独角兽"，10 年的时间，已经投资了 600 多家公司，未来预计将有 50 余家企业上市。

因此，吴世春的职业生涯可以简单地划分为两个阶段。第一阶段是从1999年到2014年，他主要的角色是创业者；第二阶段是从2014年至今，他主要的角色是投资人。这两个角色有一段时间的重叠。

第一阶段：你怎么努力，如何折腾，也是有心栽花花不开。第二阶段：不经意间的好运从天而降，无心插柳柳成荫，成立机构的第一年就被清科集团评为“2014年中国机构天使投资人十强”，吴世春快速地完成了从一个投资新人向顶尖投资人的过渡。

作为投资人，他每年要见2000个创业者，据说“他每天忙碌得都是一路小跑去洗手间”，“白天聊项目、晚上筛选商业计划书、做投后管理、维护有限合伙人（即出资人）关系，很辛苦”。他可谓非常努力，难道努力就是第二阶段的吴世春更为成功的原因吗?

在第一阶段，他也非常努力，每天的工作时长在16个小时以上，有时凌晨2点还在工作，常常独自加班到深夜。他第一次创业失败，接着再次创业，二次创业失败，三次创业，四次创业，五次创业，不能说他不努力。

难道他在第二阶段变得更聪明了吗？他的认知肯定有所提升，但这是否为此阶段如此成功的必然原因，还很难说。

假设没有转做投资人，在接下来的10年中，吴世春继续沿着创业的路线走，很难说现在是否还能成功。

如果吴世春的人生背后有一只无形的手，那么显然，这只手更偏爱投资人吴世春，而不是创业者吴世春。

这就是吴世春提到的“人事合一”。一个人是有他要做的事的，是有最适合他的事的，是有自己的天命或者天职的，只有找到这样一件事，全身心地投入到这件事中，才有大成的可能。

这就是吴世春在“创业心学”当中不断引用的一个概念——致良知。所谓致良知，就是找对方向，做对事。

人只有从心出发，去做对的事情，才有超常规发展的可能，我们从吴世春的案例当中看到了这一点。对于他来说，做投资，成为一个投资人，显然是实践证明的一件对的事。

因此，人事合一，就是知行合一。我们只有按照内心的声音去做，按照自己的天命、天职去做，才能人事合一。

人事合一就是知行合一最突出的外在表达，知行合一就是人事合一的内在逻辑和天然导航。

复盘吴世春

我们再来看吴世春人生当中的点点滴滴的事情是如何串联起来的。

大学期间，虽然读的是材料系，但他开始自学编程，并且进入了师兄负责的一个国家级课题组，主要就是负责写程序。这段经历被后来的吴世春视为“人生轨迹的一次重大转折”——材料系的他从此接触到了计算机和网络。

吴世春在大三那年就拿着自己勤工俭学的钱买了人生中的第一台计算机，这为他以后进入华为、百度做工程师打下了基础。

在华为、百度两家公司的打工经历，也帮助他很早就拥有了一部分积蓄，加之后来历次创业的打磨，锤炼了他强大的内心，提升了他的认知，同时也帮助他积累了一手的人脉资源（包括华友会、百老汇、酷讯帮、南极圈等）。后来他因为偶然的机会进入创投圈，这一路走来，似乎前面所有的经历都在为他最后的转型蜕变做准备。

乔布斯2005年在斯坦福大学的毕业典礼上演讲，回顾了自己的过往，然后总结道——

> 当然，我在大学的时候，还不可能从点点滴滴的事中看到未来，但是，当我10年后回顾这一切的时候，真的豁然开朗了。再次说明的是，你在向未来展望的时候不可能将这些点点滴滴的事串联起来，只能在回顾过去的时候才可以做到。所以，你必须相信这些点点滴滴的事，会在你未来的某一天串联起来。

跟乔布斯一样，在一开始的时候，吴世春并不知道这每一个生命节点的意义，但是多年过后，点点滴滴的事都串联了起来，一切也都豁然开朗了。

回首过往，吴世春感慨说，这已经是他人生中最好的一条职业道路了，如果上天让他重新选择，他依然会选同样的路。“从技术岗位积累经验，到经历创业苦难，搭建一个个人脉圈子，这是一个非常完美的路线图。”

不过，这个路线图他不是一开始就知道的。

但是最终，他的内心会告诉他，要做的那件事是什么。

就像乔布斯所说的，如果你现在还没有找到你的所爱，请继续寻找，不要停下脚步。在你找到它的时候，你的内心会告诉你。

第四节　从清洁工到“国宝级匠人”，她如何翻转自己的人生？

很多父母常常用吓唬人的口吻教训自己的孩子：如果你不好好学习，以后长大找不到工作，就去扫大街……

在这些父母口中，似乎扫大街是一件多么令人恐惧的事情，根本算不上一件工作，如果一个人去扫大街了，这辈子也就完蛋了。

真的是这样吗？

对一个扫大街的人来说，对一个清洁工来说，他的人生真的就完蛋了吗？

有人偏不信。

这个人名叫新津春子，是一个把清洁工作为自己终身职业的人，她的代表作就是面积达 76 万平方米、连续多年荣获“世界最干净机场”称号的日本东京羽田机场，即东京国际机场。

当她在清扫的时候，你感觉她不是在做一件见不得人的脏活、累活，而是在打磨一件艺术品。

通过专注工作，她被评为日本“国宝级匠人”，因为“打扫”这项技能而获此殊荣，史无前例。日本的朝日新闻出版社，还为她出了一本个人传记，还有其他出版社帮她出了好几本书，并且中国也引进了这些书的中文版。

世界各路知名媒体都专门奔赴日本，为她做专访；当红综艺节目《全世界最想上的课》也邀她做开课嘉宾。很多国家的机构纷纷邀请她前去做培训和指导，她变成了一个炙手可热的知名人物。

因为她的努力，“清扫”也变成了一门学问。

自小在中国生活的新津春子，在 17 岁的时候，跟随家人迁往日本生活。

当时家里带到日本的一点点钱很快就花光了，父母不懂日语，短期内很难找到工作，新津春子不得不一边读书，一边打工贴补家用。

新津春子成为清洁工纯属偶然。她在找来的招聘传单里，看着密密麻麻的日语字符，只认得“清掃”两个字。她指着传单上唯一认识的两个字，示意老板要到店里打扫卫生。于是她便干起了唯一可以做的这份清扫工作，而这一干，就是 30 多年。

25 岁的时候，她进入日本羽田机场做清洁工，供职于日本空港 TECHNO 株式会社。那时，她绝对不会想到自己以后会成为这个公司上百名清洁工的指导员，而且是唯一的一位。她穿的红色制服右侧袖子上方有一个“环境名工（環境マイスター）”的标志，是日本政府技能鉴定体系中的最高等级标志，也是羽田机场几百件清扫工制服中的特例。

新津春子出名以后，机场还把她的大幅照片海报挂在了很多地方的墙上，展示机场形象。

直到 2015 年，已经 45 岁的她也还是很难想到，自己接下来会广受欢迎。这一年日本放送协会（NHK）为她拍了纪录片，纪录片播出后，她“一举成名天下知”。2016 年，她被评为日本“国宝级匠人”。

这一刻，距离她到日本已经过去了 29 年，她通过接近 30 年的修炼，从一个普通人成为了一个闪闪发光的人。

无论是从出身、背景、工作、学历等哪方面来讲，新津春子都没有什么优势。但就是凭借这样一个极低的起点，最后她绝地反击。

后来甚至有很多人专程跑到机场，只为对她说一声：“您辛苦了！”处于社会底层、生活于文化夹缝中的她，现在已然成了日本家喻户晓的传奇人物。

新津春子的成功之处，在于她把清扫变成了自己的真爱，变成了自己的天职，她用清扫把自己变成了一个快乐的人。

当然，一开始很难谈得上热爱，她原来并不是一个勤劳的孩子，在家里也懒得洗锅碗。后来面对生活的穷困，为了生存下去，她不得不做了这样一份来之不易的工作。

一个十几岁的孩子怎么会爱上做清洁工呢？这在一开始是很艰难的。

所幸，她并没有抱怨，也未自暴自弃。她说：“我一直寻找自己存在的价值……我希望不管在哪里，人们都能认可我自身的价值，既然做了，就要做到最好。”

为此，她还专门跑到进修学校去学习，以不断提高自己的清洁技能。那段时间，她不顾家人反对，毅然决然地辞掉了自己的工作，顶着巨大的压力，领了半年的失业救助金，住在潮湿阴暗的地下室里，每天苦哈哈地跑去上课。由此可见，她有着怎样想把工作做好的决心和毅力。

她并没有打算糊弄一下这份工作，也没有打算糊弄自己。

当一个人全力以赴的时候，好运就出现了，在这个学校，她认识了自己的第一个贵人——她的老师。

“清洁工作很轻松。”这个老师告诉她，想要做好清洁，保持好心态很重要。

就是这样简单的话，给新津春子带来了莫大的鼓舞。她说：“能有人教导实在太幸福了！”

半年学习生活结束后，比起关注接下来的工作和薪资，她更关心的是到哪里可以学到新东西，因为之前已经打扫过各种各样的大楼，她不能总是重复同样的事却又学不到新东西，否则就是浪费时间。这时，她的贵人老师建议她去机场工作，因为机场很大，高的地方特别高，宽的地方特别宽，这样就没时间胡思乱想。

也是通过这位贵人老师的介绍，新春津子认识了羽田机场的常务铃木优，当时他们公司刚好在招人。就这样，新津春子成了羽田机场的保洁员，铃木优是她当时的导师。

铃木优精通污渍清理和清洗剂，是业界行家。通过他的指导，新津春子彻底爱上了自己的工作。就这样，新津春子为羽田机场的清洁工作，默默付出了很多年。

进入羽田机场以后，新津春子进步神速，第二年就拿到了日本“国家建筑物清洁技能士”资格，继而又拿到了清扫指导员资格证书。第三年，她又参加了在东京举行的“清扫工技能预选赛”，本来预定的目标是第一，结果只获得了第二名。她觉得自己已经非常努力了，为什么还不是第一名呢？

她跑去问导师铃木优。导师告诉她，她还不够用心，时刻为他人着想、充满爱心地工作，才是清扫的本质。

新津春子恍然大悟，原来清扫也要用心，清扫是为他人服务的，因而就要考虑到使用者的需求，而不仅仅是自己干完就结束了，比如说小孩子经常接触的地方，就不能用刺激性、腐蚀性强的清洁剂。她说：“我不能总想到自己，而不想到其他人。一直以来，我都是一个人努力，制定目标，努力完成，再制定目标，但一直没有和别人合作的意识。铃木老师让我懂得万事都要为他人着想。”

导师的话彻底改变了新津春子。按照导师的指导，在后来的决赛当中，她果然如愿拿到了第一名，成为该竞赛有史以来最年轻的冠军，被誉为“日本第一清扫工”。

后来，甚至有很多日本家庭的父母会告诉自己的孩子，要好好学习，以新津春子为榜样。竟然有人也让自己的孩子向“扫大街”的人学习，这岂不是一种反转？

扫除道

在新津春子的故事当中，有三点很重要。

第一点，就是热爱。

同样是一份工作，同样是做一件事，热爱，使人变得不同。

带着热爱去工作，这份工作也将变成一种艺术，新津春子就是如此，很多人评价她：“她的工作已经远远超越了保洁工的范畴，她是在干技术活。”

当她做保洁时，她是笑着的。

她是一个看到污渍，眼睛都会发光、开心得不得了的人。一般的保洁员看到一个被遗漏的污垢，很多时候估计会有一种“又要多干活，好累”的心理，但是她心中是如获至宝般的兴奋。

因此，清洁打扫的意义在她心中也就发生了变化。正是因为深爱这个行业，在工作中找到了许多乐趣，所以再辛苦她也不觉得疲惫。

新津春子曾经多次受邀来中国传授清洁的技巧和理念。她说：“清扫是什么工作？就是一个能让人身心健康的工作。我真的特别喜欢我的工作，自己喜欢，还能带给别人健康与愉悦，有比这更好的事情吗？我期待我的工作技能，能传递到中国，能传递到全世界。这样的传递，我打算做一辈子。”

她还说：“热爱工作，用职人之心去做，就会认真而仔细；内心有爱，就会对所有客人微笑以对，充满自信。改变清扫行规，就会让所有员工有上进之心，改变思想意识，中国的清扫业也会蒸蒸日上。”

第二点，就是用心。

用心，让新津春子找到了清扫的本质，也让她获得了巨大的转变。

懂得用心，实际上是新津春子人生的转折点。

在懂得用心之前，她只是一个机器人，例行公事地做着自己的工作。

心态改变以后，新津春子不久就注意到了一个变化：“当我开始带着为对方着想的心情‘用心’打扫，渐渐有越来越多的客人对我说‘谢谢’‘辛苦了’……”

这是不是很神奇？

当你的心态变了，你周围的环境也会随之改变，你的世界也会随之变得不同。以前，当新津春子在打扫的时候，有很多人直接把垃圾从老远的地方扔到她面前；现在，他们看到机场太干净，也不好意思随地扔垃圾了，而是主动把垃圾交给她。

用心，让她把每一个扫除工具、每一个打扫对象都当成有生命的存在来对待。哪怕是一扇门，在她眼里都是有生命的。她会观察，门的外侧和内侧，外侧污迹多是小沙石颗粒，包括黑色的灰尘，内侧多是油脂类污染物。不同类型的污垢，需要采取的清洁剂以及清洁方法是不同的。“这样就会让门的寿命久一点儿。”新津春子说。

她说：“我们拖地用的墩布，虽然只是一个工具，但这背后有很多人付出心血生产它。你这样去想的时候，用墩布拖地时的心情也就不一样了，想到别人的付出，你就会在工作中融入对他人的感激之情，这样工作会做得更好。”

从她的话语中，我们可以慢慢去体会什么叫用心。她认为，人要是想活下去，每天都要学习——不是说人只学课本上的知识。不管是工作还是玩耍，其实都是心和心在交流，没有这个心，人与人、人与物是相处不下去的。

她常常在签名售书的时候，在扉页写上“思う心”这几个字。顾名思义，“思人之心，思己之心”，就是要考虑到自己的心，要用心，要不忘初心，同时也要考虑别人的心，要将心比心。

媒体从业人员请她谈谈自己成为“清洁女王”的秘籍，她说：“用心去看，用心去想，用心去做。把自己当成机场的主人，而不仅仅是一个清扫工人。”

在培训其他清扫工的时候，她总是告诉他们要用心：“过分地强调技术最多只会把大家变成扫地很好的机器人，真正干好工作，不在于技术，而在于用心。”

新津春子的一位领导评价她，做什么事情都会带着“心”去做，所以才会注意到别人不会注意的边边角角，同时，她自己进行了很多研究，发现了许多不错的方法。她现在教别人的时候，会传达“心意”那部分，比如说站在客人的角度思考如何更好地工作。

至于一个清洁新人如何才能到达新津春子的境界，这位领导认为：一个新人按照工作手册学习，能得到及格分，之后就是磨炼自己的心了，即精神层面。这和柔道、剑道之类是一样的，四段前是技术领域，再往上一步就是精神领域了。

由此可见，真正的高手都是在心的层面上去磨炼自己的，都是心的层级很高的人。用心，让心灵不断升级，才能实现目标，取得不可思议的成果。

第三点，就是排除干扰，做自己。

新津春子的一个特点，就是能够忽视周围的噪声，能够坚持自己的想法，去做自己想做的事。

在一般人看来，一个女孩子怎么能去做扫除这种“低级”的工作呢？

但是新津春子没有被这种声音所左右。她不断地在扫除上去精进自己，不管别人怎么说，一步一步地去考与清扫相关的资格证：现场监督者资格证、指导员资格证、家居清洁技能士、医院清洁委托责任人员证……

她说：“并不是别人说了才去做，而是自己想做。当我思考并付出劳力让客人感到舒适，客人感受到我的努力时，我真的觉得这份工作很有意义。还有提升技术也很快乐，因为清洁人员也是专业人士，我是带着这种骄傲在工作的。”

甚至她能感觉到，在做扫除的时候，她反而可以做自己。

也有人说：“你是不是有点儿傻？”此人指她干清洁工的活还干得这么认真，但是她不为所动：“他们怎么说都行，我不会听的。因为我就是我自己。”人如果总是在意别人的评价，那么就没办法专心做自己的工作了。

出名以后，她说："知名度对我来说并不是很有意义，我的工作是清扫，如果一个人只关注别人说什么，就很容易忘掉本职工作。"

名气其实也是一种干扰，让自己无法保持持续的精进，但是新津春子看得很开，依然不断地学习，不断地充实自己，并通过讲课和写书的方式分享着自己的清扫经验和理念。

每个人都有自己最重要的那件事，关键是要始终能够守住这件事，始终把这件事做好。"我相信，每个人都有对自己来说最重要的事情，并且这件重要的事情不能受环境的影响。"

正如乔布斯曾在演讲中所提到的："你们时间有限，所以不要浪费时间活在别人的生活里。不要被教条来缚，那意味着按照别人的想法生活。不要让别人的意见的噪声淹没了你内心的声音。最重要的，是要拥有跟随自己的内心与直觉的勇气，你的内心与直觉不知何故已经知道你真正想要成为什么样的人。其他事物都是次要的。"

可以说，新津春子正是因为追随了内心的声音，才没有随波逐流，才能把清扫这样一件人人看不上的工作做到极致。通过扫除，新津春子做到了人事合一，活出了一个与众不同的自己。

02

第二章 启动心轮，打开命运的总开关

人事合一、知行合一就是人生翻盘最重要的密码，“合一”中的“一”就是心。一个人之所以能做到人事合一、知行合一，在于这颗心，从某种意义上说，心就是万事万物的总开关。因此，人若想翻盘改命要从心开始。当然，人事合一、知行合一是一不是二，二者共同构成了一个心轮模型。人若启动心轮，自然能够扭转命运。

第一节　从人事合一到知行合一

从前文所讲的翻盘案例中，我们总结出了两个非常重要的概念：知行合一、人事合一。

那些做到了人事合一的人，无论是小马宋之于战略咨询、吴世春之于天使投资、张小龙之于通信工具开发，还是李安之于电影、蔡志忠之于漫画、李小龙之于武术、新津春子之于清扫，他们都做到了知行合一。

不能做到知行合一，他们也很难实现人事合一。人事合一就是知行合一，一表一里，一体两面，相得益彰。个体只有做到了知行合一、人事合一，才有机会实现真正的翻盘。

人事合一

从“人事合一”的维度来看，一个能做到人事合一的人往往找到了自己的“一生一件事”，比如正和岛的创办人刘东华。

1983年，刘东华于河北大学毕业。毕业时他差点儿留校负责筹建学校的新闻系，这似乎为刘东华之后的人生埋下了伏笔。

毕业以后，他在老家《沧州日报》工作了4年。怀着从政的梦想，他想去《人民日报》工作，于是报读了中国社科院的新闻系研究生，并且是《人民日报》的定向培养研究生。

但是命运弄人，研究生毕业时他并未去《人民日报》，而是去了《经济日报》评论部。

1992年,《经济日报》评论部主任提出要做一个“民营经济专版”，于是刘东华抓住了这次机会。也就是从那个时候开始，刘东华跟企业家群体有了接触，这一接触就是30年。

1996年,《经济日报》旗下的《中国企业家》杂志社，由于经营惨淡，难以为继，刘东华于是毛遂自荐，成为《中国企业家》的总编辑，后来成为社长。接下来的15年，刘东华将这本杂志做成了行业领跑者。

在《中国企业家》这个平台上，他还逐渐促成了两件事：中国企业领袖年会和中国企业家俱乐部，这让他逐渐在企业家群体中占据了一个特殊位置。

2010年，刘东华离开《中国企业家》杂志社。2011年，他创办了正和岛网站。

总结过往，刘东华说：“我大学毕业之后，基本上一直在做媒体，包括现在我做的正和岛，也可以说是社交媒体，始终是一个职业方向，服务对象一直是企业家。其实我挺笨的。但我这么多年就围绕着这一件事深耕，时间长了也就融会贯通了。”

他说：“一个人围着一件事转，世界就会围着你转，你若一心围着世界转，世界可能会抛弃你。围着一件事转，就有了核心，你的能力不会被浪费，所有的努力都是正向积累的。”

“一生一件事”，一个人一生围绕一件事转，才有人事合一的可能。我们从刘东华的案例中看出，他几十年如一日地做媒体，把自己和媒体融合在了一起，做到了知行合一。

华杉（上海华与华营销咨询公司董事长）认为，成功不是去寻找能创造更大成就的事，而是一生只做一件事，滴水穿石，静候佳音。

“人事合一”的背后，反映的是一个人的热情与才干。小马宋的热情与才干基于广告和营销，因此他的广告创意、文案、战略营销等能力可以在短期内快速地得到提升。张小龙的热情与才干是在通信工具的开发上，他一出手就是顶级的水平，成名作 Foxmail 坐拥 200 万用户。吴世春的热情与才干是在投资上，他一出手就是千倍的回报。

但是，仅有热情与才干还不够，他们还必须经历一段“金之在冶”的旅程，这样才能把热情与才干充分地激发出来。

“金之在冶”，是指金子只有在猛烈的大火中才被能淬炼出来，当金子在接受烈焰、钳锤考验的时候，一时可能会觉得很难受，但是从长期来看，金子一定会非常高兴，甚至还会担心火力不够，因为只有如此才会冶炼出一块好金子。

人生的困境、苦难如同火焰、钳锤和熔炉，经过这些锤炼的金矿石才能被锻造成一块纯金。

《汉书·司马迁传》中曾记载："文王拘而演《周易》；仲尼厄而作《春秋》；屈原放逐，乃赋《离骚》；左丘失明，厥有《国语》；孙子膑脚，《兵法》修列；不韦迁蜀，世传《吕览》；韩非囚秦，《说难》《孤愤》……"艰难险阻，浴火锤炼，是成就一个人的必备条件。

稻盛和夫在刚开始参加工作的时候，并未找到自己的热情与才干，而是被迫困在一个濒临破产的小企业里无法脱身。面对困境，他决定"埋头到工作中去"，逐渐沉浸到工作中，慢慢喜欢上了自己的工作，并研发出了世界一流的陶瓷新材料。

新津春子如果不是走投无路，一个十几岁的女孩子，正值青春年华，会跑去做清扫工作吗？

人在一开始往往不愿放下身段好好干活，在被逼无奈的情况下，才被激发内心的求生欲，激发自己的专注力，奋力一搏，最后才走上正轨，找到自己笃定的那件事，从而一生一件事。

李安虽然很早就在戏剧、电影上有天分，但是在研究生毕业以后，也是在家里当了6年的"家庭煮夫"，然后才出来放手一搏。

专栏作家黄佟佟曾评价李安：谁不想过点儿快活的日子？如果不是这6年，他哪有时间写《喜宴》《推手》？他哪有力气推敲《理智与感情》？他又怎么能狠得下心来数年磨一剑？有时候，经历决定着人的心态，人没有被生活吓破过胆，也许还真是狠不下心来慢慢做细活，因为知道名气靠不住，说到底还是得靠个人的这一双手。

很多人正是在“金之在冶”的过程中发现了自己的热情与才干，比如阿那亚创始人马寅。

阿那亚起初仅仅是一个位于秦皇岛海边的居住社区或一个文旅地产项目。但是，它又不是一个简单的地产项目，而是在售卖一种生活方式。

阿那亚这个名字来自梵语阿兰若，原意为“人间寂静处，找回本我的地方”。它被誉为中国的“四大神盘”之一，6 年时间销售额从 4000 万元增长到 30 亿元。

在外人看来，阿那亚建设了很多文化艺术设施，比如图书馆、艺术中心、美术馆、剧场、礼堂、音乐厅等，更重要的是，阿那亚每年的文化艺术活动达到上千场。对此，马寅曾经描述说，一天中有十几场到几十场话剧在不同地方上演，人们在街边走着走着就会看见一些人在演出，他觉得还是挺梦幻的，希望大家能来享受这种美好。他太喜欢和大家一起看剧、聊天、喝酒，甚至弹琴、唱歌到很晚的那种状态了，那种生活太美好了。

很多时候，马寅给人的感觉更像是一个文化艺术人士，而不像是一个地产商人。

马寅大学毕业之后进入体制内，被分配到了房管局工作。但是他不想就这样混日子，于是在 2000 年左右辞职下海，进入了一家民营地产公司，慢慢当上了部门负责人、公司负责人，而后成为地产行业的资深人士。

马寅说自己的前半生可谓顺风顺水，不过意外也悄然来临。

2013 年，秦皇岛黄金海岸用地和楼盘投资失败，他本想转手卖出，没想到最后砸在了自己的手里。面对 10 亿元的银行贷款，马寅被迫背上了一年要还 1.5 亿元的巨额债务。这是马寅人生中遭遇的最大的困境，也是他“金之在冶”的开始。如果没有这一次的危机，是否有后来的马寅，实在很难说。

作为一个地产从业人员，马寅一开始也没想到自己要开发文化艺术社区。只是为了把房子卖出去，他必须想到更多的好办法，必须讲一个好故事。

为了寻找商机，马寅把自己设定成了阿那亚的“第一个客户”。假设自己是客户，自己会想要什么样的生活，会希望居住在什么样的社区里？

他想到了自己的小时候，那时候的胡同里更多是一种温情脉脉的熟人社区，脖子上挂个钥匙链，就可以到各家去逛，还可以吃百家饭，很多人出门甚至都不锁门，人们更有安全感，相互之间也有更多的情感互动。

他想到了长大的自己，正处于 40 岁左右这个阶段，属于人生上半场和下半场衔接处的中场休息阶段，之前十几年都是为了口腹之累而忙忙碌碌，甚至更多时候都是为了忙而忙。他有没有必要继续过以前的生活，或者有没有可能为了自己的内心真实的需要去做点儿事，找到一个共同点，把自己内心的偏好和事业结合起来，把自己对人生的理解和自己喜欢的事通过这个项目呈现出来，并能够与更多的同道中人进行分享……

于是，马寅似乎在黑暗中看见了一丝微光。他开始行动了。

“世界上最孤独的图书馆”就来自当初他的这些想法，因为作为“第一个客户”的马寅想有一个读书的地方。后来“孤独图书馆”意外走红，让马寅更加强烈地意识到精神的自我实现才是当代人的刚需。这激发了他的梦想：打造一个拥有现代生活方式的美好宜居社区。

后来，他有了更多的尝试，比如海边礼堂、音乐节、剧场、业主食堂、美术馆、儿童托管中心、管家服务团队……本着“人生可以更美”的理念，他将阿那亚建设成了具有情感和精神双重价值的生活方式品牌。

我们现在分析阿那亚成功的原因，会提到它的独具匠心和文化艺术路线以及文化气息，其实，阿那亚之所以建设成现在的样子，完全是被“逼”出来的。正如马寅所说：“如果让自己再来一次，我不敢保证一定能成功。人生充满意外，很多事情都没有一个确定的答案。”

无论如何，马寅都要感谢这样一个意外，感谢这样一个“金之在冶”的过程，这个过程成就了马寅，也让他发掘到自己的热情与才干。他的文化艺术细胞被充分激活，自此从地产商人转变成了艺术气息浓厚的文艺人士，他最终找到了自己活着的意义和价值。

一个人想要实现人事合一，必须做到不动心。

新津春子在出名以后，依然继续耕耘在清扫的领域中，并没有离开一线，而是在持续地培养清扫人才，传播清扫的理念和技术，通过清扫改变这个世界。

一位经济学家曾提到："很多人都说自己不可能专注做一件事，为什么不能专注做一件事？反正我就一件事——解释真实世界里的经济现象。我对其他事做到不动心，别人爱干什么干什么。"

人经历了"金之在冶"的过程，强化了自己的热情与才干之后就是修炼不动心，一以贯之，把这件事一如既往地做到底。如果要做的事变来变去，人就没有真正做到"人事合一"。

不动心的关键，在于立志。

王阳明说："志不立，天下无可成之事。"因此，人一定要明白自己这辈子要做的事，然后咬定青山不放松。

人为什么要用一生做一件事？因为人不在一件事上立住，就容易分散注意力，很难全神贯注。

很多人会觉得做一件事风险太大，万一失败了怎么办？所以人一定要多做几件事，甚至是什么事能赚钱做什么。这意味着做事的目的是赚钱，而不是达成自己的志，最后人一定会迷失自我，会走很多弯路。

其实，一个人只要找到了一生要做的一件事，只要立住了志向，人生就不存在失败。如同孟子所讲的，“夭寿不二，修身以俟之”，人不管是长寿还是短命，这些都不重要，重要的是一直修身，一直在做那件事，然后就是等待，等待什么呢？等待开花结果，能等得来当然很好，等不来也没什么，我能做这件事，就够了。

我此生的目的就是做这件事，并且只问耕耘，不问收获。所谓三十而立，是自己的志向立住了，这辈子就做这件事了，人就不会东张西望，就不会因为什么事赚钱就去做什么，而是持续在自己要做的事上下功夫。

听从内心的声音

一个知行合一的人，必然是一个由价值观驱动的人，知行合一中的“知”，是指良知，良知必然要求人向上向善。因此，凭良心、讲公心、怀利他之心的人，才是知行合一的人，一个自私自利、贪得无厌的人，不可能是知行合一的人。

人走在正道上，才有知行合一可言，走在歪门邪道上，就不要妄想能够知行合一。

而一个人之所以被价值观驱动，是因为他响应了他内心的声音。他只有按照这种声音去探索、实践，才能获得内心的安宁与平静。同时，这种声音也会驱动他去做对的事，做他这辈子一定要去做的事，从而让他走在正确的道路上。

这种内心的声音，其实就是来自良知良能。它让你按照某种价值观去行动，成为一个知行合一的人。

人事合一、知行合一的结果，就是浑然一体地活着。

华楠（读客文化股份有限公司董事长）说："如今，我就是浑然一体地活着，在任何场景下，跟任何人，都是以一副本来面目出现。我没有恐惧，也没有害羞，也没有焦虑，也没有先去考虑别人怎么想自己，一切都没有了，就是自己。"

他说："前面的 20 年里，我自己活成了很多面，每一面都不一样，虽然中间还是这个人，但是总要去适应不同的场景、语境，活得非常累。其实，最后放松下来，我发现以前以为的'公司要破产了''别人不喜欢我写作''别人不喜欢我搞艺术''别人讨厌我骑摩托车'，这些都无所谓，自己享受其中就够了。

"今年，我发现自己已经进入到浑然一体的状态了——做什么事情都是一颗本心，一个真人，按照自己的价值观，按照自己的想法去做，喜欢你的人会凝聚起来，不喜欢你的人，就会慢慢走开。其实不喜欢你的人，就花了一秒钟不喜欢你，你对他来说一点儿也不重要，但是自己年轻的时候，难免也会耿耿于怀。但现在，我觉得我活得越来越浑然一体了。"

这种浑然一体，我们在马寅身上也看到了。

马寅说，这些年他的生活和工作完全融为一体了。每天上班的时候都是兴奋的，他也不知道自己是来度假还是来工作的。马寅在阿那亚的每一天，都会晨跑 10 千米，同时巡视园区。他在这里见朋友，一起吃饭、聊天、运动、游戏、看展、看戏……他是文化艺术活动的发起者，也是最积极的参与者。

这就是“人事合一”之后所呈现出来的一个人生状态。

在新津春子身上，也有这种浑然一体感。

她在打扫卫生的时候，好像是在打磨一件艺术品。她在打扫的时候，是开心的，是享受的，好像变了一个人，好像在发光，既照亮了自己，也照亮了别人。你会情不自禁地被她感染，不会觉得她是一个普通清洁工，反而会觉得她很伟大。

何以证明？正如一位教授所说：“请你看她的笑容，没有一丝一毫的虚假，她的笑无比之真诚，令我无比羡慕。”

一旦进入清扫的状态，她就忘记了自己。她可以很好地做自己，也感受不到辛苦，清扫好像变成了人生的一种修行，借助这种修行，她变得越来越圆满。

如何形容那个状态？你可以叫它“消失”，好像“我”消失了，作品也消失了，我和它融合，忘掉世界，忘掉自己。

因此，无须向往诗和远方，诗和远方不在别处，就在你的面前，就在你的身上。

茶有茶道，花有花道，香有香道，武有武道，酒有酒道，扫除有扫除道……你把自己的事情干好了，干彻底了，都有道，都能见道。因此，见道并不是说一定要去当大官、一定要去赚大钱，做好你能做的任何一件事，你都可以借此证得自己。

这样，借由人事合一、知行合一，每个人都能找到自己的道，都能完成自己，没有任何人可以阻止你去完成更美好的自己，你凭借自己就可以得道。

而闻道、得道，才是人来到世间最重要的事，正如孔子所言："朝闻道，夕死可矣""君子谋道不谋食""君子忧道不忧贫"。道才是人生最重要的事，才是人要去关注和奔赴的。

第二节　价值观驱动：实现知行合一的内在要求

知行合一的人，必然是由价值观驱动的人。

什么是价值观？按照稻盛和夫在《活法》中所提到的，不可说谎、不给人添乱、要正直、不贪心、不能只顾自己……无论哪一条都是我们孩童时代家长和老师教过的，成人后或许就被忘了的单纯的规范。这些规范就是所谓的价值观。

无论是做人，还是做事，一定要遵循正确的价值观。“将作为人应该做的正确的事情以正确的方式贯彻下去”，稻盛和夫认为，这是一个最简单的基准，也是一个很正确的原理，遵循这一原理去经营企业，就不会迷惑，就能在正确的道路上阔步前进，就能把事业引向成功。

小马宋就是一个由正确的价值观驱动的人。他在 2022 年的公司年会上，正式提出了一些原则和价值观，比如：

不骗人、不造假、不比稿、不行贿。

客户价值高于公司利益。

承认自己会犯错。

不要讨好上司和老板。

你的收入来自客户，不是来自老板。

每天有效工作 4 小时。

高效率比多加班更重要。

身心健康、家庭幸福。

不要为了更多的收入压榨员工。

觉得有问题的时候及早停止工作。

优先选择购买客户的产品。

光明磊落，干干净净。

在这里我们可以看到，小马宋对于价值观的重视。

其实，纵观小马宋的半生旅程，我们发现他一直遵循正确的价值观。

早在写公众号的时期，他就不去为了变现而随意接广告，后来干脆停了广告。对一个拥有几十万公众号粉丝的人来说，要想变现其实不是一件很难的事，但是他并没有以这件事来赚钱。

他不会纯粹为了赚钱去做事，甚至在 2016 年时，还调侃："不了解我的人都觉得我应该很有钱，了解我的人都觉得我不应该这么没钱。"

小马宋本不是一个“得失即成败”的人，不会把得失作为衡量自己的唯一标准，而是把是非即成败看得很重，是非指的是能不能创造一些价值，能不能帮到客户，能不能为社会做一些事。

后来在服务客户的时候，如果觉得对客户帮助不大，他就会主动解约，并且在和客户签合同时提醒客户，如果觉得没得到帮助，一定不要不好意思，解除合同就是了。

对一些需求与公司能力暂时不匹配的客户，即使客户很想合作，他也会拒绝或者为其推荐其他更合适的同行。

这些看起来很简单，但人在金钱面前，真的能抵制诱惑，并不是一件容易的事。

华杉曾谈到企业的价值观：

> 价值观一定要是真的，落实在一切行动上，言行一致，实现闭环。不要总是“具体问题具体分析”，搞权宜之计。我看谷歌的价值观就是真的，华为的价值观也是真的，因为任正非说实话，说丑话，你把他抬高了，他自己给你拉低下来。有些互联网公司就不是了，个个都说要让天下没有难做的生意，但相互屏蔽，不共戴天，让合作伙伴做排他性选择，搞得合作伙伴不仅生意难做，连做人都难做了。

小马宋看到这段话非常有感触。他说，所谓的价值观，就是不能破的东西，如果你说这件事可以商量，那你的价值观就是可商量的

“奸猾”，不是你自己嘴上说的那么高尚的东西。

比如“不比稿”，就是小马宋公司非常坚守的一个价值观。

为什么不能比稿呢？

实际上，在小马宋看来，价值观会决定一个公司的生意模型。

你是纯粹靠业务员或喝酒维护客户关系，还是依靠客户口碑和转介绍来获得客户？

你会把大部分的人力和精力用在比稿上，还是会把它用在服务客户上？

你是把大部分时间花在与同行的交流上，还是把它花在向客户学习上？

你是从客户的角度看问题，还是只从赚钱的角度来看问题？

人的价值观不同，做法必然不同。

小马宋曾经给公司画过一个增长飞轮，把为客户提供真正有效的方案放在了第一位。这个增长飞轮折射的是价值观的问题，就是关注客户利益，客户利益大于公司利益，公司永远站在客户利益的角度考虑问题。

据此，他们采取了和大部分咨询公司不同的做法，就是在“为客户提供有效解决方案”这件事上投入重兵，所有的工作都是围绕这件事展开，不让时间和精力浪费在别的地方。

他带领公司员工抵制许多业务方面的诱惑，不在人力、能力不够的情况下接更多的业务；他会诚实地告诉客户新项目的成功概率极低，不建议实施，否则浪费钱；他把核心精力放在服务客户上面，公司里只有咨询师、设计师，没有客服人员、业务人员；他十分重视员工的成长，邀请顾问辅导员工……

这些事情展现出了价值观在事情上的运用，并一以贯之。从此角度出发，我们可以看出价值观确实决定了一个公司的生意模型。

很多人可能会觉得价值观是一个道德层面的要求，在竞争激烈的商业环境中，商人讲道德有用吗？

其实，价值观不仅是道德要求，还是方法论。

个人或公司想把事情做好，必然有一套符合市场规律的方法论，从另外一个角度来看，方法论就是价值观。

一种正确的价值观背后必然是一种道、一种规律、一种自然法则，只有合乎这种法则和规律，人做成事的概率才会提升，这就叫暗合道妙或者明合妙用。如果人不合于某种规律或者法则，最后必然“背道而驰”，很难获得成功。

一个平庸的人要么没有价值观，这样也行、那样也行，要么信奉了错误的价值观。真正的高手必然是用价值观驱动自己去做事的，伟大的企业也必然如此。

张小龙也是一个被价值观驱动的人。

有人说，在互联网界，微信就是一个异类。所谓异类，就是和其他的产品不一样。其实微信只是守住了做一个好产品的底线而已，结果就显得与众不同了。

产品人的价值观藏不住，会处处体现在产品的细节中。微信作为沟通工具，没有“已发送”“已阅读”状态，原因是“最高效率就是发完即走，看完即走”。很多APP到了特定节日的时候，就把logo（标识）和界面变成红的、黄的，但是微信不会这么做。微信也绝对不会在启动页推送广告。因为张小龙希望微信是用户的老朋友，认为在启动页推送广告，相当于“你跟朋友见面时，他脸上先贴一个广告，你要先撕下来才能跟他说话”，这显然是张小龙所无法接受的。

张小龙说，做产品就是跟用户谈一场恋爱，否则只是一场商业交易而已。

微信有四个价值观：一切以用户价值为依归，让创造发挥价值，好的产品应该是用完即走的，让商业化存在于无形之中。因此，产品可以商业化，但商业化不是目的。

张小龙从来不是一个追求商业价值最大化的人。从Foxmail开始，他一直是一个技术geek（极客，对技术领域极度痴迷并投入大量时间钻研的人）。Foxmail坐拥200万用户却不收一分钱费用、不挂一个广告，你就可以知道张小龙有自己要坚持的东西。从Foxmail，到QQ邮箱，到今天的微信，张小龙坚守的东西并未改变。

段永平（步步高集团董事长）也是一个被价值观驱动的人。

段永平常常把“本分”两个字挂在嘴上，说这就是他的秘诀，一般人有一个长长的“to do list”（待办清单），他却反其道而行，有一个长长的“stop doing list”（不为清单）。

在刚做“小霸王”的时候，段永平从商家那里购买了一批散件来组装（2000 台），质量还不错，并且商家多给了 2% 的余料。但对组装过程中坏掉的部分（大概 50 台），他最后没有给钱，商家很不开心，这张不开心的脸让段永平记了很久。他说：“我就一直记得这件事，反省了很久，终于觉得是自己错了。可惜后来我们再也没有合作过，也就没有机会补偿了。”

大概是从那个时候开始，段永平在他的“stop doing list”上不断地添上各种准则：不占人便宜、不赊账、不拖（供应商）货款、不做不诚信的事、不攻击对手（竞争对手）、不讨价还价（统一的销售体系）、不打价格战……

这些准则成为段永平一直坚守的价值观。

我们再看几个具体的例子。

段永平当初之所以离开中山市小霸王公司，创办广东步步高电子工业有限公司，就是因为他“发现自己犯错了马上改，不管多大的代价都是最小的代价”。他说：“如果你感觉到 5 年以后，这项业务是没有未来的，那么现在结束，是付出代价最小的时候。”

不过，这需要极大的勇气。很多人即使发现了不对，满腹抱怨后，依然会选择一直熬下去，甚至熬十几年、几十年。

步步高成立时，试图出价 300 万元购买某公司的“小天才”品牌商标，因为这个商标无歧义，易于传播，笔画简单平衡，但被对方拒绝了。2008 年金融危机，步步高又偶然得知对方准备出售“小天才”品牌，于是委托第三方再去对接，结果进展顺利，对方只要 30 万元。段永平得知对方因经济拮据才出售“小天才”时，决定弥补差价，仍给对方 300 万元。

2011 年，段永平创办的 OPPO 公司由功能机向智能机过渡时慢了半拍，因此遭遇了巨大的生存危机，上百万台的功能机存货压在了代理商和门店手中，卖不掉的货每天都在贬值，损失由谁来承担？另外公司先前在供应商那里采购的大量物料已经无用武之地，货款还要不要按期交付？ OPPO 也因此一度走到了生死存亡的关头。

当时很多其他的品牌选择了不提货也不付款。但是在巨大的压力下，OPPO 的做法是，供应商的货款照常支付，同时公司给所有经销商兜底，收回功能机库存，等于将其变成了电子垃圾。

这就是所谓的“不坑合作伙伴”的价值观，这样的准则，自然让段永平赢得了合作伙伴的支持，OPPO 最终挺过了难关。

段永平说：“我们企业之所以活到现在，并且还活得还好，并不是因为我们有什么过人之处，而是因为我们少犯了许多错误，失误率少的话成功机会就大。”

因此，你必须找到自己的价值观，并坚守它。如果你无法用价值观驱动自己去做事，就很难做到知行合一。

第三节　内心的声音：直达知行合一的天然信号

乔布斯：听从自己内心的声音

2005 年，乔布斯在某大学的演讲，不仅让“Stay hungry，stay foolish”（求知若饥，虚心若愚）这句话广为流传，也让更多人认识到了“听从自己内心的声音”“追随内心的直觉与好奇心”的巨大价值。

这种内心的声音其实就是良知之音，人只有遵循良知的指引，听从内心的声音，才能走出一条独一无二的人生道路。

内心的声音好似人生路上最强烈的导航信号，告诉你朝哪里走，要做些什么。

一开始他退学后学的是艺术字，乔布斯并不知道自己为什么要学艺术字，只是好奇，觉得它迷人，就去学了。这已经不是理智的头脑会做出的选择了。

如果一个人只依靠自己的努力，依靠头脑的算计，估计很难走出自己的路来。人要敢于追随内心的直觉与好奇心，相信人生中发生的点点滴滴在未来总会以某种方式串联在一起，如同吴世春在技术岗位上积累经验，再经历创业苦难，搭建一个个人脉圈子，最后成为顶尖投资人，看似摇身一变，实则先前发生的一切都在为此做准备。

乔布斯说："只有相信生命中的点滴定会在未来相串联，你才会拥有听从自己内心的勇气，即使你的内心将引导你离开熟悉的寻常之路。这将让你变得与众不同。"

因此，人如何变得与众不同？乔布斯的答案就是，追随自己的直觉与好奇心，听从自己内心的声音，这种声音被混沌学园创办人李善友教授称为"美好之声"。李善友说，人生的很多选择其实是无理由的，是随时会出现的一个信号，你对它有信任感、熟悉感，它在冥冥中引导你走完这样一条人生之路。倾听美好的声音，遵循美好的指引，就能把自己手头的工作变成艺术。你因此会变成一个有趣的人，你的人生也会变得鲜活起来。

但是，乔布斯也告诉人们，听从内心是需要勇气的，不是每个人都有勇气去行动，因为它会引导你离开自己的舒适区，你敢吗？

听从内心的声音，跟随自己的直觉，你会去做各种各样的事。这些事在当初看来也许毫无意义，但是事后去看，你就知道它们都是在帮助你一步一步地走向自己的生命意图。

这种生命意图实际上就是人的天命，天命就是先天的人生规划。人生来就是去探寻和实现自己的生命意图，如果你把信任交给内心的声音，它会自动引导你走向目的地。

从跟随热爱，到追随直觉

假设我们不知道何为追随直觉，何为听从内心的声音，那么如何来判断和选择呢？其实很简单，就是找到自己真正热爱的事，这就是热情的力量。

如同稻盛和夫所说的成功方程式：人生·工作的成果 = 思维方式 × 热情 × 能力。在这个方程式当中，思维方式指的其实是一个人的价值观。除此之外，热情同样是一个非常重要的因素。如果没有热情，没有自己热爱的东西，你就很难往前走。热情、热爱其实就是一种内心的声音，一种无声的语言。

乔布斯说：“我非常幸运，在很小的时候我就发现了自己真正热爱的事。”即使后来被驱赶出苹果公司，开始了 12 年的放逐生涯，乔布斯也没有从此一蹶不振，因为他发现，他依旧深爱着他的事业，在苹果公司发生的那些事情丝毫没有改变这一点。于是他决定从头再来。此后，他反而进入了生命中最富创造力的一个阶段。

因此，不要在意你现在的位置，不要在意你现在的报酬，你要在意的是，你是行尸走肉般地活着，还是在做自己真正深爱的事情……

这种真正深爱的事情，即使是一份清洁工作，同样可以让你解脱，让你成圣成贤。因此，这种深爱的东西，对你来说，才是重点。

乔布斯说：“我相信我之所以能够坚持下去，是因为我一直深爱我所从事的工作。你必须找到你的真爱，无论是工作还是爱人。工作将会占据生活中很大一部分时间，只有相信自己所从事的工作是伟大的，你才能怡然自得，而工作是否有意义的唯一标准就是热爱。

“如果你现在还没有找到你的所爱，请继续寻找，不要停下脚步。在你找到它的时候，你的内心会告诉你。如同任何真诚的关系，岁月的流逝只会让它变得越来越好。所以努力寻找，不要停下脚步！”

乔布斯反复告诫人们：你的时间有限，一辈子转瞬即逝，因此，你不要被别人的思考所左右，不要活在别人的眼光里。你要做你自己，成为你自己。

成为你自己很简单，就是做你最热爱的事，把你的生命通过那件事表达出来，形成美好的作品。

不是有了很多钱，住了很大的房子，有了丰厚的物质条件，做了多大的事业，你才成为你自己。

就像新津春子一样，她能把清扫工作做好，就成为她自己。对你来说，你热爱的那件事是什么呢？如何找到那件事呢？这需要你追随自己的直觉和内心，不被其他的声音所左右，不被物质的欲望所蒙蔽。

完全沉浸在自己热爱的事情中，你就完成了不朽。

因此，热情、热爱就是一种无声的语言，就是一种内心的声音——它会引导你去做真正要做的事情。

当然，这并不容易，它极有可能和胡思乱想、异想天开联系在一起，你要能区分清楚什么是内心真正的声音，什么是自己的异想天开。

03

第三章 读懂心，读懂知行合一、人事合一的力量

心是什么？心即良知，不虑而知、不学而能，也是人生的最佳导航。人只有跟随良知的指引，才能做出最佳决策，为自己选对方向，赢得成功，实现知行合一。

第一节　心即良知——读懂了“良知”，就读懂了心

良知即心，心即良知

为什么知行合一具有那么大的力量，为什么知行合一是个体翻盘的重要密码？

原因在于：心。

知行合一中的“知”，是指良知，知行合一是指行动与良知合一。

王阳明认为：“良知是造化的精灵，这些精灵，生天生地，成鬼成帝，皆从此出，真是与物无对。人若复得他完完全全，无少亏欠，自不觉手舞足蹈，不知天地间更有何乐可代！”

良知是宇宙万物的本源，人如果能够完完全全地恢复它，没有亏欠，那么它真的是世间最大的快乐。

因此，良知是什么？

良知即道。

正如《道德经》所言，道生一，一生二，二生三，三生万物。这宇宙万物的本源和主宰就是道，它创造了万物，构成了万物生存和发展的平台。

道就是王阳明所说的良知，就是稻盛和夫所说的良心。

王阳明说："心即道，道即天。知心则知道、知天。"

作为宇宙万物一分子的"我"，是从哪里来的呢?

"我"是从"道"而来的，也就是从良知来的。

"我"既是良知所生，亦是良知本身；"我"既是良知的组成（部分），也是良知的全体。

在王阳明看来，天地万物于一体，人的良知就是草木瓦石的良知，草木瓦石无人的良知不可以为草木瓦石，五谷禽肉可以养人，药石可以治病，因为它们与人同根同源，否则怎么可能治病，怎么可能养人呢?

正如陆九渊（南宋哲学家）所言："吾心便是宇宙，宇宙即是吾心。"每个人都是宇宙的一个分形。人之外有一个大宇宙，人之内有一个小宇宙，这大宇宙就是那小宇宙，这小宇宙就是那大宇宙，一切即一，一即一切。

因此，知行合一的力量，实际上是良知的力量、道的力量、心的力量，只有取用这一力量，人才能真正完成人生的翻盘，取得难以想象的成果。

人们认为知行合一就是知道做到，其实知行合一另有深意。它是一种力量，是一个人改命换运的密码。

致良知，自然知行合一

知行合一的过程，实际上就是致良知的过程。

致良知和知行合一一样，是王阳明心学中的一个重要的概念。其实，致良知和知行合一是一不是二。

笔者反复提到过，知行合一的“知”，其实是良知，因此，知行合一的过程，就是行动与良知合一的过程，就是按照良知之音去行动的过程，就是一个致良知的过程。

致良知也可以叫行良知、用良知，用你那与生俱来的良知良能，行你那无所不知、无所不晓的良知良能，然后你才有无往而不利的人生。

因此，一个人想真正地翻盘，真正地建功立业，都需要从致良知开始，从用心开始，用自己的那颗良知良能之心。

每个人身上都有一个“良心广播电台”，它连续不断地广播，不断向你传送良知之音，告诉你该怎么做、该怎么走，告诉你什么是对、什么是错。它无所不知，它的指令暗合道妙，符合宇宙自然的根本规律，因而放之四海而皆准。但是大部分人被欲望所牵引，被红尘中车水马龙的噪声所笼罩，听不到自己的良知之音，因而也就错失了这与生俱来的最佳的导航，只能随波逐流而无所作为。

良知包含了两个部分：一个是道德感，能够知善恶；一个是判断力，能够断是非。大部分人以为良知就是一种廉价的道德感，在尔虞我诈的社会中并不能让自己立于不败之地，其实，这是一种极大的误解。良知不仅是道德感，更是判断力，能够识别对错，判断到底什么是最好的目标，到底什么是最佳的路径，到底什么才是最佳的选择，而且这种识别和判断是瞬间的，电光石火间，就有了结果，根本不需要任何思考和停顿。人只有跟随良知的指引，才能做出最佳的决策，才能在诸多选项当中选对，从而赢得成功。

假设你动了想跟某人做项目的念头，这个项目未来到底能不能成功，这个人到底值不值得信任，你如何判断？很多时候，你很难凭借理智判断。然而有时冥冥之中，你可以很轻松地知道接下来会发生什么，可能有哪些阻碍，胜算是多少，这个人是否合适。你的心自然会给出答案，而且这些答案往往超出你的预料，不是你凭思考就可以得出的。

良知的判断与这种感觉类似，因为良知良能本来就什么都知道。它知道这个世界的全貌是什么样的，知道你要成为什么样的人，知道你的方向在哪里，知道你应该如何去走。

良知即导航

良知是我们此生唯一可以绝对信赖的最佳导航，大部分高手的成功，是在有意或无意中使用了良知导航的结果。例如小马宋，当他还在芦苇荡烧锅炉的时候，他怎么知道自己就一定要去从事八竿子打不着的广告行业？

就像张小龙，某一天“突然搭错了一根神经”给马化腾写了一封邮件说要开发一款新的通信软件，那个时候，他怎么知道这个软件未来竟然是如此有影响力的微信呢？

他肯定是想不到的，以至十年后只好感慨自己特别幸运，并说仅靠个人努力是做不到这一点的。

要取得成功，我们只能靠自己的良知良能。

稻盛和夫年轻时研发新材料的案例亦是如此。他一心扑在实验上，连吃住都在实验室，终于成功合成“镁橄榄石”陶瓷，使所在公司成为继美国通用电气公司之后的第二家合成这种新材料的公司。这个时候他才工作一年左右而已。

在合成“镁橄榄石”的过程中，最棘手的问题是如何使“镁橄榄石”成型，他拼命攻关，可谓朝思暮想。有一天他进实验室时一不小心被一个容器绊了一下，差点儿摔倒。稻盛和夫边喊“谁把容器搁在这个地方！”，边望了一下脚下沾了一鞋底的松香树脂。就在稻盛和夫看到松香树脂的一瞬间，一个念头在他的脑海里炸裂开来：“就是它！”

稻盛和夫立即架起锅，把原材料粉末和松香树脂一同放入锅中，一边加热一边混合，然后放进模子中定型。经过一次次的试验，他终于做出了不掺杂任何杂质的“镁橄榄石”。

一个初出茅庐的年轻人，在一个破旧的实验室里，研发出了顶尖新材料。稻盛和夫每次回忆起那一瞬间，总说那是“神的启示”。

这所谓的“神的启示”难道不就是一个人的良知良能吗？良知良能指引他在电光石火间知道松香树脂正是他所寻找的东西。

因此，良知这个导航，良知这种判断力，可以在多方面给我们提供清晰的指引，包括以下方面：

（1）人生方向

无论是小马宋做广告、做战略营销，还是张小龙做通信工具，无论是吴世春做投资，还是新津春子做扫除，人一生要从事的事业是在良知的引导下找到的，这样的例子还有很多。

（2）立志守志

良知会帮助人们坚定自己的人生方向，确定此生的志向，无论遇到多么重大的挑战，也会矢志不渝。例如新津春子，不管别人怎么看她，她依然会坚持把清扫这件别人看不上的事情做好。即使出名以后，获得了巨大的声誉，她依然坚持本职工作。她受邀在世界各地传授清洁技能时说“这样的传递，我打算做一辈子”。这就是立志守志，一生一件事，一生不动摇。

（3）价值观驱动

如果人的行为跟随良知的指引，那么他会成为一个由价值观驱动的人。这是因为良知本身就是一种道德感，这种道德感本身就是一种判断力，能判断善恶，能引导人们根据价值观去行动，不被个人得失所影响。从小马宋、张小龙、段永平等人身上我们可以明显地感受到价值观驱动的力量。

（4）热情才干

良知会引导人们去关注那些自己真正有热情与才干的事情，如此人们才有机会找到自己的终身事业。

第二节　心即天——读懂了“天”，就读懂了心

知行合一、人事合一的过程，其实也是一个人听天命、尽人事的过程。

因为天理就是人心，人心就是天理，良知之音就是天命。

“天”在中国文化中有着广泛而深刻的内涵，我们借助两位圣贤的观点来看看天的意义——一位是孔子，另一位是王阳明。

孔子之“天”

在孔子的心目中，“天”是非常重要的。

《论语》中提到：“大哉！尧之为君也！巍巍乎！唯天为大，唯尧则之。”尧是怎么治国的呢？奉天效道，以天为大，效法的是天。

天道本来就在那里，自然规律也是不变的，不可添加也不可减少，只能转述、描述，只能发现，没法创造、发明。

因此,《论语》开篇提到“学而时习之”，是学什么？其实是学天，然后时习之，时时事事根据天的规律去行动。

此即修道德。道在天地叫道，道在人叫德。如果我们的所作所为合乎道，就叫有德；如果我们的所作所为不合乎道，就叫缺德。所谓修德，就是合乎天道、天理。

因此，身而为人，道德是最高的信仰。

《论语》中的很多标准和要求，实际上是孔子把天道引入人道变成人伦道德的一种表达。人为万物之灵，人和其他动物有什么区别呢？区别就在于人伦道德。

人为天地人三才中的一员，可以与天地相感应，能够达到“天人合一”，其存在的意义和价值，就是“参赞天地之化育”。人要能达到“参赞天地之化育”的境界，最基本的要求是能与天道自然相应，能够修德、有德，这叫“天地合德”。

有一次孔子见了南子，南子作为卫国实际掌权者、卫灵公的夫人，生活作风并不检点。子路听说孔子见了南子，非常不高兴。

夫子矢之曰：“予所否者，天厌之！天厌之！”

孔子跟子路发誓：“我要是真的做了什么对不起人的事，就让天厌弃我吧！让天厌弃我！”在孔子的心目中，老天是绝对不可亵渎、欺骗的。

孔子对天有着十足的信心，程度甚至超出了他对自己的信心。

有一次孔子携众弟子到了宋国，掌管宋国兵权的桓魋担心孔子的到来会威胁到自己的地位，于是派人追杀孔子。在逃亡的路上，孔子说了一句话：

天生德于予，桓魋其如予何？

“老天既然把这样的德给了我，桓魋又能把我怎么样呢？”

从这句话中，我们可以看到孔子对德的高度笃信。

道德有什么用呢？

道德是用来保护人的，而不是人的桎梏。理解了这一点，我们就需要重新审视道德。

只有人的德是唯一可靠的。

有人说道德又没有什么用处，不能获利，人也不能靠其生存。这种起心动念，意味着他会把道德抛在一边，遇到事情也许什么都能做得出来，如此不仅很难积德，很可能随时缺德。

有一次，孔子师徒在匡地被围困，一伙人扬言要杀他们，大家都很害怕，但是孔子依然抚琴奏乐、怡然自得。弟子们很不解，到这个时候了，人哪有心思抚琴奏乐呢？孔子就说：

> 来，吾语女。我讳穷久矣，而不免，命也；求通久矣，而不得，时也。当尧、舜而天下无穷人，非知得也；当桀、纣而天下无通人，非知失也，时势适然。夫水行不避蛟龙者，渔父之勇也；陆行不避兕虎者，猎夫之勇也……

自从周文王离开以后，周的礼乐制度不就在我这里了吗？老天如果要让这个文明礼乐断绝，像我这样的人，就不应该得到这些；如果老天不想让这个周文明断绝，那么我就一定不会有事，这一伙人又能拿我怎么样呢？

在孔子心中，天有着何等的地位。

仪地的边防官读懂了“天”字。他见到孔子，然后告诉大家：“天下之无道也久矣，天将以夫子为木铎。”

边防官认为，孔子布道天下，就像木铎一样警醒世人，是上天派孔子来做人间导师，让他引领方向，来拯救礼崩乐坏、天下无道的混乱局面。

阳明之“天”

在王阳明的心中，天也有着不一样的内涵。

十五岁的王阳明已有经略四方之志，他此时的偶像是明朝的英雄于谦和东汉名将伏波将军马援，甚至经常梦到他们，可见王阳明对驰骋沙场、纵横捭阖的戎马生涯心驰神往的程度。

王阳明有一次还梦到拜谒伏波庙，甚至在梦中赋诗一首：

卷甲归来马伏波，
早年兵法鬓毛皤。
云埋铜柱雷轰折，
六字题诗尚不磨。

马伏波就是马援，人称伏波将军。“卷甲归来”就是作战归来，指马援南征交趾（今广西、越南河内等地）凯旋，早年征战沙场，如今头发已经斑白。马援在交趾边界立的铜柱被雷击折了，但是上面刻的字“铜柱折，交趾灭”依然清晰可见。

马援是东汉的开国功臣，为东汉统一立下了赫赫战功，深得光武帝刘秀的信赖。东汉建立后，马援仍领兵征战，西破陇羌，南征交趾，北击乌桓，官拜伏波将军，封新息侯，世称“马伏波”。

马援信奉“大丈夫立志，穷当益坚，老当益壮”的理念，60 多岁时仍坚持披挂上阵，讨伐武陵、五溪蛮夷，64 岁时在军中病逝，死后受人构陷，被刘秀收回新息侯印绶，汉章帝为其平反，追谥“忠成”。

马援每征讨一地之后，非常注重地方治理，把“战”和“治”结合起来，致力于一方平安，令老百姓能够安居乐业，而且财散人聚，不贪功不贪财，深得人心。其老当益壮、马革裹尸的气概，受到后人的崇敬。

王阳明后期的带兵作战以及治理百姓的方法，很多来自马援。有趣的是，他们的命运也有几分相似。

15岁的王阳明如果知道自己的人生轨迹跟自己敬仰的人的如此相似，不知道会有何感想。毕竟，令人敬仰的榜样能深刻影响一个人，甚至会影响这个人的命运走向。

更有趣的是，40多年后，当王阳明拖着病躯从广西战场归来，在归乡途中，舟行至水深流急的广西横县邕江上游乌蛮滩时，船夫告知他前方就是伏波庙。王阳明大惊，立刻停船，勉强支撑起颤颤巍巍的躯体，执意要下船拜谒。

王阳明来到伏波庙，仿佛进入梦境，这里跟40年前自己做梦梦到的场景竟如此相似，不知道是庄周梦蝶，还是蝶梦庄周，真是天意弄人。他感慨万千，当场赋诗《谒伏波庙二首》，其中一首诗文如下：

四十年前梦里诗，此行天定岂人为。
徂征敢倚风云阵，所过须同时雨师。
尚喜远人知向望，却惭无术救疮痍。
从来胜算归廊庙，耻说兵戈定四夷。

“此行天定岂人为”，他自觉这趟广西之行、此生之行，不是人为，而是天定。

他还特地为十五岁时梦中所写的那首诗加了一个序言：“此予十五岁时梦中所作。今拜伏波祠下，宛如梦中。兹行殆有不偶然者，因识其事于此。”

“兹行殆有不偶然者”，此行大概不是偶然，而是冥冥中天注定。年轻时的梦境原封不动地在四十年后的现实场景中显现，换作谁，估计都会唏嘘不已。

因此，在生命的最后岁月，他越发觉得要尽人事，听天命。

王阳明曾用一年多的时间肃清了影响南赣地区几十年安定的匪患，只用了 43 天就平定了宁王朱宸濠苦心经营十年号称“十万大军”的叛乱，基本上不费一兵一卒就解决了广西思恩、田州的少数民族叛乱。

在王阳明平大藤峡、八寨之乱的 63 年前，这个地方也曾出现过一次叛乱，当时朝廷委派韩雍为左佥都御史，负责平叛。韩雍率 16 万大军水陆并进，长驱直入，强攻硬进，耗时数月，才取得一点点阶段性胜利。王阳明此次只用了数千士卒，一个月的时间就平叛了。

在平定宁王叛乱之后，迎接王阳明的不是褒奖，而是构陷和诽谤，王阳明因此又一次跌入极其艰难、生死未卜的境遇中。“信步行来皆坦道，凭天判下非人谋。”王阳明如是说。

虽然一路坎坷，但是在王阳明看来，这一生也算是“坦途”。他困谪龙场，却也因此在龙场悟道；他带兵剿匪，却也因此立下赫赫战功；他倡义平定宁王之乱，却也因此奠定不世伟业；他遭逢诽谤谗言，却也“操舟得渡”，大悟良知之理。

这一路上的经历，真的是他自己精心设计的吗？

不是。

在王阳明看来，天地万物一体，这“天”与“人”不是割裂的，而是一体的，“天”即“人”。

这就是古人所讲的“天人合一”，人只有达到天人合一的境界，才能取天地的力量，为己所用，才能真正取得难以想象的成果。

“天人合一”中的“天”指天地，人通过人心与天地合，所以这“天”是人心？

这天就是道，即天道，人依天道而行，秉天理而作，方能明合道妙、心安理得。

王阳明龙场悟道，悟出的正是“心即理”，心即天理，人心就是连通天地宇宙的桥梁。

王阳明回首一生，说：“此行天定岂人为”，冥冥之中有一只无形的手在左右自己的命运，人生看似充满了偶然性，但是其中又暗含必然性。

听天命，尽人事，人才能真正成事

孔子说："吾十有五而志于学，三十而立，四十而不惑，五十而知天命。"随着人年龄的增长，人的智慧或许也在增长，人活到了四十岁，相信自己有"天命"，并且毫不怀疑，到了五十岁，终于知道自己的"天命"是什么，所以可以"顺命"而行。

孔子还说："不知命，无以为君子。"人如果不知道自己的"天命"，就会见利必趋、见害必避，见到什么赚钱就做什么，见到什么有利就做什么，没有自己的方向，没有自己的主业，不辨是非，不懂善恶，就不可能成为君子。

人如果想改变自己的命运，实现人生的翻盘，就必须先知道自己的"天命"是什么。

人如果不知道自己的"天命"，不知道自己的人生地图，如同闭着眼睛在黑暗中摸索，哪里能找到自己的路，哪里能抵达自己人生的目的地呢？

每个人都有自己的"天命"，有这辈子来到这个世界上要做的大事，每个人都有自己无可替代的价值。

李安就是找到了自己的"天命"——电影导演，从而实现了人生的翻转。他这么形容自己的人生："好像是命运规定我这么走……"

一个人找到了自己"天命"，命运便会推着他向前走，这在李安的人生故事中体现得淋漓尽致。

李安从小读书不怎么好，即使父亲请了很多知名老师辅导，他依然两次高考失利，最后不得已读了专科艺术学校，但是一接触到舞台，他就觉得自己“解放了”。

读艺专时，他第一次站上舞台演独幕剧男主角。“强烈的聚光灯洒下来，面对灯光之后的黑暗中的观众，我第一次感觉到命运的力量。是戏剧选择了我，对它我无法抵抗。”李安说道。

后来，他演了很多的戏剧，还自编自导独幕剧，改编、导演了国外的剧本。那时，李安的电影梦已经开始了。

当父亲问他要不要退学重新考大学的时候，他对父亲说：“我觉得我是属于这方面的！”

按照李安的说法，他的电影梦其实从他还在娘胎时就开始了。他的母亲在怀他的时候，最喜欢做两件事，一件是看电影，一件是啃甘蔗。当他还不会走路的时候，他的母亲就经常推着他进电影院了，也许这是一种教育，一种耳濡目染的力量。

因此，在初中结束的那个暑假，他就告诉自己的父亲，“我想当导演”。当时的他才十几岁，仅仅知道是导演把电影拍出来的。

李安没想到此后的发展，都是根据李安的意愿一步一步推进的。

上小学的时候，李安就经常出演相声、话剧，还曾编写剧本并指导同学进行表演。他在表演、导演上可以说具有天分，甚至才气外露，他的小学老师曾半开玩笑地跟李安的父母说：“你这个儿子将来可能走第七艺术（即电影）！”

没想到老师不幸言中，此后，李安读了影视专业，慢慢走上了电影这条“不归路”。

他的父亲虽然不喜欢自己的孩子走这条路，但是对李安可能在这条道路上取得的成就洞若观火。李安拍摄完《理智与情感》，父亲对他说："小安，等你拍到50岁，应该可以得奥斯卡金像奖，到时候就退休去教书吧"。

其实，李安不到50岁就拿到了奥斯卡金像奖。当然，李安并没有如父亲所愿去教书。

在艺专时，他也看了很多的电影。美国导演迈克·尼科尔斯执导的《毕业生》（*The Graduate*）成了他的启蒙电影，让他第一次有了触电的感觉。瑞典导演英格玛·伯格曼执导的《处女泉》（*The Virgin Spring*）带给他极大的震撼，看完后他久久不能动弹。加上意大利导演维托里奥·德·西卡执导的《偷自行车的人》（*The Bicycle Thiep*）和米开朗基罗·安东尼奥尼执导的《蚀》（*The Edipse*），"艺术电影的头三炮就轰得我几乎久久不省人事"，让他意识到了电影的力量。

他上艺专期间，父亲送给了他唯一的一个跟电影有关的礼物——超8毫米摄影机，他用这台机器拍了一部18分钟的黑白短片《星期六下午的懒散》。

艺专毕业以后，他按照父亲的要求去国外留学，以便拿到博士学位回国在大学里谋一个教职。于是，他进入了伊利诺伊大学戏剧系导演组，开始了每学期120 ~ 360小时的剧场工作。留学期间，他还参加了3次正式的舞台演出，导演过1次小剧场。

由于语言问题，在舞台上无法自如表演的他将目光投到电影导演上。取得学士学位后，他申请进入纽约大学的电影研究所，这时，他之前拍的《星期六下午的懒散》起了作用，帮他拿到了进入电影研究所的门票。

“我一读电影专业就知道走对了路”，李安提到，拍电影没有语言障碍，这最适合他了。

此前，他玩的更多的还是戏剧，他真正从事电影，真正做电影导演，是从纽约大学电影研究所开始的。

有趣的是，虽然他英语讲得不太流利，但是一到拍电影的时候，大家就自动配合他的安排，也许这就是李安的天分。

很多同学也许在课堂上滔滔不绝，到了实际拍摄的现场，却分不清东南西北。李安不一样，他对拍摄电影这件事轻车熟路，仿佛天生就是干电影的人。

毕业的时候，他拍了一部名为《分界线》的电影，在大学的影展中获得了最佳影片奖和最佳导演奖，还得到了当时美国三大经纪公司之一的威廉·莫里斯经纪公司（William Morries Agency）的经纪人的青睐。

令人没想到的是，此后6年，李安因为时运不济，在家做了6年的“家庭煮夫”，带娃、买菜、做饭、搞卫生……

他在刚开始的几年还会谈谈理想，三四年以后，将近40岁的李安不敢再谈理想了，变得有些自闭。

这6年里，他有时也去片场打打零工，当当剧务，最后还干起了重活，搬搬沙袋，扛扛机器，但是都没有得到导演机会。

也许是命运要刻意以这种方式来磨炼李安。时间越来越长，李安的想法也越来越离谱："会不会老天在和我开玩笑，我就是来传宗接代的，说不定我的儿子是个天才。"

36 岁时，他的银行卡里只剩下几十美元，二胎儿子刚刚降生。山穷水尽的李安终于迎来柳暗花明。当时，他参加了一个剧本大赛，拿下两个剧本奖后，获得了拍摄预算。他知道，能不能杀出一条血路，就在此一举了！

因此，李安就有了第一部电影《推手》，他的电影导演的人生正式开始了。

此后，李安两度获得奥斯卡金像奖的最佳导演奖，是第一位两次拿下此项荣誉的亚洲导演。

我们可以看到，李安做到了很多其他人做不到的事情，你以为他是天才，其实他说自己只是一个无用的人。他不会使用电脑，对生活上的事情也是迷迷糊糊的，跟这个世界也好像若即若离，不太容易专注，但是当他在电影里的时候，"好像换一个人，魂回来了"。

因此，对李安来说，当电影导演就是他的"天命"。

当李安找到这个"天命"的时候，他的人生在短暂的沉淀之后，像坐火箭一般极速上升。

"天命"的力量是强大的，一个人找到了自己的"天命"，并坚定地采取行动，就会获得很多意想不到的成果，这就是顺势而为。

如果人没有选择自己的"天命"之路，他想成功就好像希腊神话中的西西弗斯推着巨石上山，每每到了山顶巨石又会滚落下去，他就这样一次又一次地重复，人生毫无希望可言。

做好天地赋予我们的使命

在《了凡四训》中，云谷禅师告诉了凡先生——

> 汝今既知非。将向来不发科第，及不生子之相，尽情改刷；务要积德，务要包荒，务要和爱，务要惜精神。从前种种，譬如昨日死；从后种种，譬如今日生。此义理再生之身。

也就是说，你只要真心改过，不断地进德修善，拓开心量，包容一切，慈爱和气，保惜精神，慢慢地就可以再造自己的生命，在肉身之外长出一个义理之身，生出一条道德之命、天理之命。

云谷禅师继续说，“夫血肉之身，尚然有数；义理之身，岂不能格天。”这个血肉之身、肉身之命是有定数的，但是这个义理之身，这个道德之命、天理之命，是可以感动上天的，是可以通过扩充自己的道德修养得到的，它不受时间掌控，是不朽的，并且可以给肉身之命以加持，帮助肉身之命逢凶化吉，走一条“命我作，福自己求”的自主之路。

很多人认命，认的是肉身之命，认的是一条功名富贵之俗世之命，而不是认天理之命。这就像孟子所言，“有天爵者，有人爵者”，天爵决定人爵，很多人只求人爵，不求天爵，或者先求天爵，得到人爵以后，就把天爵抛于脑后，慢慢地人爵也保不住了。天爵，来自天理之命；人爵，来自肉身之命。

了凡先生一开始也是这样，遇到孔先生之后，他生命中的每一步都被孔先生算定，所以他认为人各有命，不可强求，于是心如死灰。其实，这是被动的，有一种无可奈何、自暴自弃的心绪。他认的其实是一个肉身之命，而不是天理之命，他不知道在肉身之命之外，还有无尽的可能性，人还可以创造新的生命，就是天理之命。

他认识到义理之身、天理之命之后，便不再受到俗世之命的束缚，从而开始了自我改命的历程。

《了凡四训》一共四训：立命、改过、积善、谦德。这里讲的立命，是通过自己天生的良知良能，通过自己努力进德修善，通过不断改过反省，来重建自己的生命的过程，这才是真正的立命。

每个人都有“天命”，“天命”并不是指具体的一件事，而是一种频率、一种能量、一种生命意图。

王阳明在著名的《〈大学〉问》中指出：“大人者，以天地万物为一体者也。其视天下犹一家，中国犹一人焉。若夫间形骸而分尔我者，小人矣。大人之能以天地万物为一体也，非意之也，其心之仁本若是，其与天地万物而为一也，岂惟大人，虽小人之心亦莫不然，彼顾自小之耳。”

什么是大人？大人就是以天地万物为一体的人。大人这样做，不是因为他想这样做，因为人本来就是如此，人本来就是与天地万物一体，不仅大人如此，小人同样如此。

什么是小人？小人认为自己独立于天地万物之外，认为人是一个独立的存在，所以他们会伤物害人、骨肉相残而不以为耻、不以为痛，他们失掉了恻隐之心。恻隐之心，实际上是一种同体大悲、无缘大慈之心。

我们只有认自己的“天命”，做好天地赋予我们的使命和任务，才能充分改造自己、发挥出自己的价值。

第二部曲 德

德上修——德业决定事业

04

第四章
启动德轮，看见“看不见的手”

一个人要想翻盘，除了具有基本的勤奋与聪慧，法与术，还要有德。厚德方能载物，人若没有厚德，或许很难心想事成。纵观历史，是否有德者居之乃是朝代兴衰更迭的关键。无德之人可以短暂登上历史的舞台，但很快就会灰飞烟灭。人生的基本规律就是“在德不在强”，德薄位尊，其实是人生的灾难。无形的会决定有形的，看不见的会决定看得见的，一个人事合一、知行合一的人必然是有道之人、有德之人，道德是决定命运的“看不见的手”。德是依道而行、从心出发的自然结果，人若想修德需要通过时时刻刻的复盘慢慢积累，无法短期速成。

第一节　人生的基本规律：在德不在强

德是什么?

“心、德、事三部曲”告诉我们，心想事成之间需要有德作为链接和支撑，如果人没有德或者德不够，无论如何绞尽脑汁、精于算计，最后或许很难达成理想的结果。

人生路漫漫，最重要的一件事就是修德、养德、积德，我们做任何事首先要度德量力。

笔者在前文提到了有关翻盘的两个关键词：知行合一、人事合一。知行合一，是指致良知，人应根据良知的指引去行动。人事合一，是指知行合一，人应该按照内心的声音去做，按照自己的天命、天职去做，才能人事合一。

人根据良知的指引去行动，坚守自己的天命之事，自然就会产生德。

做到知行合一、人事合一的人之所以能翻盘、成事，因为他们有德作为支撑。

为什么呢？

因为德者，得也。人行道有所得，就叫德。

德的本意，是依道而行，是按照正道而行。

这道实际上就是良知，就是你的那颗真心，按照内心的良知之音去走，就是行道，行道有所得，就是德。

因此，一个知行合一、人事合一的人，必然是一个有德的人。

我们常说要做一个“有道之人”，这有道之人如何看得出来呢？什么样的人才算得上有道之人呢？

最起码，我们要看他的德，看他有没有德，一个有道之人必然是一个有德之人，一个有德之人必须有道才行。

因此，什么叫有德呢？

用最简单的两个字来形容，就是修养。

一个人有没有基本的修养，就是他有没有德的体现。

如果一个人很有修养、教养、素养，我们会说这个人有德，有德之人必然有道，能够走在正道上，做事符合正道、天道，才有事成，才能成事。

因此，人想要成事，想持续成事，必须有基本的修养。

王莽虽然代汉自立，董卓虽然一时得势，但这都不能称为成事，因为一切很快灰飞烟灭了。

东汉末年，袁术想篡汉称帝，于是征召隐士张范，张范不愿意去，于是派他的弟弟张承代表自己去致谢并道歉。袁术对张承说：“我以土地之广、士民之众，想效仿齐桓公、汉高祖，如何？”

张承说：“在德不在强。以德同天下之欲，即使你以一介匹夫为起点，兴霸王之功也不难。如果你自己想僭越，逆天而行，就会被众人抛弃，天下怎么会兴盛呢？”

因此，在德不在强，说明万事不可强求，还得看自己的德行修养。德薄位尊，是人生的灾难。

“天命无常，唯有德者居之。”纵观历史，是否有德者居之成了历朝历代兴衰更迭的关键。正如孔子所言，为政以德，譬如北辰，居其所而众星共之。

无德之人，虽然很快登上历史的舞台，但也很快淹没在历史的尘埃之中。

每一个个体亦是如此，想要翻盘、成事，除了具备勤奋、聪慧的特质，还要有良好的品德和修养。

品德和修养是一个人真正成长、事业成就的源泉。

很多人认为金钱是真实的，道德修养是虚假的，其实，这是认假作真，颠倒黑白。

《易经》中讲，一阴一阳之谓道。天是阳，地是阴；精神、能量是阳，物质是阴；无形的是阳，有形的是阴；阴和阳相互作用、相互激荡产生了万物。阴阳是一不是二，是一体的而不是分割的。

我们可以把金钱财富这些有形的物质看成是阴，而在这些有形的阴性物质背后必然有无形的阳性能量在加持和创造。

如同《道德经》上所讲的，“反者道之动，弱者道之用。天下万物生于有，有生于无”。我们看得见的部分大多属于有，看不见的部分大多属于无，天下万物都产生于物质性的具体的“有”，而“有”又产生于抽象、无形的“无”（道）。

“无名，天地之始；有名，万物之母。故常无，欲以观其妙；常有，欲以观其徼。此两者，同出而异名，同谓之玄。”没有具体形象，没有明确称谓，这是天地混沌的原始状态；有具体的形象，有明确的称谓，这是万物产生的根源。“无”和“有”二者来源相同但名称有别，都是玄妙深奥的。

人想要取得有形的、具体的功业、事业，还要依据无形的德业来支撑，这就是厚德载物。

我们有时只看到了有形的事业，却没有看到无形的德业，用功用错了地方，甚至偏离了正道，又怎么能够心想事成呢？

义利之辨

孟子见梁惠王，梁惠王开门见山地问：“叟！不远千里而来，亦将有以利吾国乎？”第一句话就是一个“利”字，可见梁惠王已经浸淫到利当中，完全利欲熏心而不自知，开口闭口都是利了。

人们往往只看到钱和利，而看不到更多，所以谈不上格局，也很难有智慧。

司马迁给孟子作传，每当读到梁惠王说“何以利吾国”的时候，便会放下书慨叹。司马迁说，“利”的确是乱的开始（“利，诚乱之始也”）。孔子很少谈利（“子罕言利”），就是为了堵住源头、防微杜渐，所以才说“放于利而行，多怨”，无论是帝王将相，还是普通老百姓，贪利好利的问题都差不多。

另外，人满眼都是利益得失，就没有功德可言，即使做了很多的事情或感到无比辛苦，到头来也可能是竹篮打水一场空。

为什么？

动机不对，努力白费。

在《心》一书中，稻盛和夫一针见血地指出，善意的动机引导事业走向成功。以利他为动机发起的行为，获得成功的概率更高，有时甚至会产生远超预期的惊人的成果。

这也是为什么我们做了很多事，最后却了无功德的原因，因为动机一开始就出了问题。人一旦有了外“求”的心，目光就会狭隘，无法获得更长远的回报，看似获得了很多短期收益，却失去了真正的财富。因此，短期收益有可能是人获得长期收益的最大障碍。

回到开头梁惠王的问题，孟子是怎么回答的呢？孟子直抒胸臆：“王！何必曰利？亦有仁义而已矣。”大王你何必开口就谈利呢？其实谈一个仁义就够了。

孟子的答案，同样是两千多年之后，如何解决当今社会问题的答案，人只有重新拾起仁义锦囊，才有获得解救的希望。

其实，孟子义利之辨是人生的“第一课题”，人只有区分什么是义，什么是利，以义为先，居仁行义，人生才有真正翻盘改命的希望。

然而，很多人只愿追求功名、富贵，却很少有人真的求道德、仁义。

其实，细细追究下来，没有道德、仁义，哪来的功名、富贵呢？《了凡四训》一书中有：“一切福田，不离方寸；从心而觅，感无不通。”人如何成名，如何富贵？首先必须从行善修德做起，从内心做起。

人想要拥有功名、富贵，内心就要有道德仁义。

如同孟子所说：“亦有仁义而已矣。”人如果一定要求，求一个仁义就可以了，功名、富贵是副产品，心里有了仁义，自然会有功名、富贵。

正如《大学》所指出的，“有德此有人，有人此有土，有土此有财，有财此有用。德者本也，财者末也。”德为本，财为末，有德才会有财，缺德必然缺财。人们往往只盯着缺财，有几人会盯着缺德，会认为自己缺德呢？

中华文化的核心来自儒释道三家。

儒家讲“皇天无亲，惟德是辅”，道家讲“天道无亲，常与善人”，佛家讲“诸恶莫作、众善奉行”，其实，它们都是讲道德。

《道德经》皇皇五千言，讲的是道德，讲的是天之道和人之德。

道生万物而又不离万物，每个人身上都有道，每个人都是道的分形，没有了道，也就没有了人，人就活不下去，这就是“百姓日用而不知”。

世上只有一个道，这道在宇宙天地自然中叫道，在人身上就叫德。一个人品德修养高尚，就有道；一个人品行不端、无恶不作，就无道、失道。

《道德经》告诉我们：“上德不德，是以有德；下德不失德，是以无德。”

一个人有德，才能按道行事，才能走正道，得道多助；一个人失德、无德，必然无法按道行事，最后必然暗背道妙，失道寡助。

德才是一个人真正的护身符。你拥有再多的金钱、名望、人脉资源，都不如有德稳妥和保险。

一个人离世，只能带走一样东西——德。

修德九卦

《易经》是一本讲道德的原典，主要讲术数、义理、道德。它告诉我们：“君子进德修业，忠信，所以进德也。修辞立其诚，所以居业也。”君子要进德修业，忠信是拿来增进德的，诚信慎言是用来立业的。

《易经》中讲：“履，德之基也；谦，德之柄也；复，德之本也；

恒，德之固也；损，德之修也；益，德之裕也；困，德之辨也；井，德之地也；巽，德之制也。”九卦直接讲的就是德，被称之为“修德九卦”，讲的是人如何修德，并给出直接具体的方法。

履卦讲的是人要尊礼而行，通过践履德行而逐步走向知行合一，这是德行的基础；谦卦讲的是人要劳谦，自卑而尊人，就像谦谦君子修炼德行的抓手；复卦讲的是人要返归本性，所谓不忘初心、方得始终，这是德行的根本；恒卦讲的是人要守其不变而常且久，得寸守寸，得尺守尺，让德行越发坚固；损卦讲的是人要惩忿窒欲，要对不合理的欲望损之又损，可以据此修身养德；益卦讲的是人要日积一善，懂得回馈社会，让德行不断充裕；困卦讲的是人要经得住苦难的磨砺，所谓君子固穷，小人则穷斯滥矣，此时方能辨明何为德、何人有德；井卦讲的是人要坚守井道，以德养人，源源不断，修己安人，以不变应万变；巽卦讲的是道德不是教条，人要因时制宜、因地制宜，懂得合理应变，方能顺于理以制事变。

如果人离开德行的修养，就无法与天地宇宙相通，无法感通万事万物、因缘和合、创造伟业，无法在遇到艰难险阻时趋吉避凶、化险为夷。

求学，主要是求德

人所理解的求学是求知识，指习得技艺、方法、管理、战略、品牌、文案、营销……

人不仅要学知识，还要有智慧。

智慧像水，水往低处流，这些低处、险滩代表人生的各种艰难险阻，但是水总是不惧艰险，久经考验，慢慢就有了智慧。

知识像火，火之所以能燃烧，是因为它有可燃物，比如柴草，如果没有可燃物，火是烧不起来的。当柴草烧光的时候，火就要熄灭了。因此，知识需要附着在一些东西上，这些东西是智慧、道德品行。

这就是智慧、品行与知识之间的关系，智慧、道德品行是 1，知识是 0，有了 1 之后，后面加上很多 0，才会越来越好。如果没有这个 1，纵然有无数个 0，也毫无意义。

智慧、道德品行和知识的关系，也可以叫德与才的关系。

多数人有才华、知识渊博，但是最后的结果并不一定理想，就是因为缺德。

很多人说自己缺钱，其实人并非真的缺钱，更主要、更核心的原因在于缺德。德不够，必然无法厚德载物。德就像盛水的器具，一个杯子和一个小池塘所能承载的水量必然是不同的。如果你有一个杯子那么多的德，就只能装一个杯子的福报；如果你有一个小池塘那么多的德，只能装下一个小池塘的福报。

什么叫德？行道有得，就叫德。人按照天地自然之道去走，然后有所得，就叫有德。

如果一个人只是一心为己，不知道为众人谋福利，便违背了天地自然之道，也必然无德。

无德之人，纵有天纵之才，最后也很难善终。

所以，人求学，不仅要求知识，更要求德。

孔子曾讲：“弟子入则孝，出则悌，谨而信，泛爱众，而亲仁。行有余力，则以学文。”这句话告诉我们：德大于才。人生最重要的是修德，而不是求知识，行有余力，才可以去学文。

虽然这段话看起来简单，但是实践起来很难。

人以修身为根本，先在家里修身齐家，然后走出去亲民为民。

家是试验场、修炼场，如果在家里做不好，我们出门却说自己做得好，是自欺欺人。如果我们在家里都不爱父母和兄弟姐妹，到社会上却说爱同事、爱朋友、爱更多的人，这样做也不会真正获益。

《大学》告诉我们，事有终始，物有本末，知所先后，则近道矣。德是本，才是末，知识是末。没有本，知识就根本无法存在。

因此，我们在求知识之前，一定不要忘记求德、修德。

人失败，不是败在无知，而是败在无德。

第二节　修德核心技术：时时刻刻复盘

成年人的学习，主要是一个“改”字

人若想让人生的基本盘发生变化，必须学会修德、积德。

人若求德，首先要反求诸己，努力改正自己。人要对自己之前的思维、行为等进行一次修正，然后才有改变可言，才有德可积。

一个人想要改变，首先不是到处去学习，去增加很多新知识，去获取很多新道理，而应回到自己，去减少自己身上的一些私欲、贪念、阻碍。

因此，改变，首先是改过。

《了凡四训》的第二篇，便是《改过之法》。

也许很多人不喜欢“改过”，认为自己每天努力工作，好像没有犯错，要改什么呢？

王阳明说：“殊不知私欲日生，如地上尘，一日不扫，便又有一

层。着实用功，便见道无终穷，愈探愈深，必使精白无一毫不彻方可。”私欲如同地上的灰尘，一天不扫，就又积满了一层，本来昨天已经扫过的，今天忘记跟进，第三天再来看，地上又增加一层灰尘。相信有清扫习惯的人对此感同身受。

很多人会非常焦虑，急着找一个又一个可行的创业项目，赶着上一堂又一堂感觉非常必要的课程，却很少能够意识到并改正自己的过错。

成年人的学习，主要集中于一个“改”字，要改正自己的过错，改变陈旧的观念，改变不合适的思维习惯，改变不好的习性，甚至改变自己的“操作系统”。如果人总是固守一切，不愿改变，不愿改错，不愿反思，人生之路就会越走越艰难。

人真正的改变，是来自心的改变。心的改变，首先来自人对错误的修正。如果人不知道错误是什么，不去修正错误，心就很难发生改变，人的气质也很难有所变化。人只有不断改过，才能让内心光明，人生才有真正的翻盘可言。

孟子曾指出：“且古之君子，过则改之；今之君子，过则顺之。古之君子，其过也，如日月之食，民皆见之；及其更也，民皆仰之。今之君子，岂徒顺之，又从为之辞。”

古代的君子能够做到有过则改，当今的人发现过错就去掩饰它。古代的君子的过错如同日食月食，人人都能看得见，当他们改过之后，人人依然敬仰他们。当今的人犯了错误，不仅去掩饰它，还想尽办法为自己狡辩。

《了凡四训》曾言："务要日日知非，日日改过；一日不知非，即一日安于自是；一日无过可改，即一日无步可进。天下聪明俊秀不少，所以德不加修，业不加广者，只为因循二字，耽阁一生。"

天下聪明人不少，最后一些人很难取得成绩，只是因为太自以为聪明了，不知改过，不愿改过，耽误了一生。

蘧伯玉使人于孔子，孔子问："夫子（指伯玉）何为？"来人对曰："夫子欲寡其过而未能也。"使者走后，孔子曰："使乎！使乎！"

卫国的大夫蘧伯玉让使者来拜访孔子，孔子问蘧夫子在家做什么呢，使者回答，蘧夫子一直想减少自己的过错却未能做到。使者走了以后，孔子称赞说，好一位使者，好一位使者。

孔子为什么称赞使者呢？因为这位使者知道他的主家翁在做什么、关注什么，知道什么才是最重要的。

可见，改过就是古之贤者的日常生活，今天，我们也可以把改过视为自己的日常生活。有过错不可怕，"一念改过，当时即得本心"，即一念改过的当下，这颗心就是透彻的、纯粹的，以这样的心去做事，人才能"心若唤物，物必至"。

人到了30岁以后，不应像过去那般心浮气躁，应该沉下心来，体悟经过历史检验的真知灼见。切己体察，才有走好人生下半程的资粮。

王阳明说："人须有为己之心，方能克己。能克己，方能成己。"

你真的有为自己好的心，才能做到克己改过，才能成就自己。

改过，如何改？

人应在念头上改过，在起心动念处改过，因为“一念发动即是行”，一个念头发出来，虽然从表面上看没有被实施，但是实际上已经在行了，它的影响已经存在了。

我们需要对此保持高度警惕，随时随地地检视自己的起心动念，对每一个念头的是非善恶进行检视，确保善念善行，避免恶念恶行。

人要翻盘，主要是在自己的起心动念上下功夫，把自己的念头管理起来。人的困境，也大多是念头之困，即陷入各种念头当中出不来。

我们平时也可以用“去八心”这个方法来作为自己修身改过的抓手。

“去八心”是指去掉八个错误的念头，它们是王阳明在《示弟立志说》文章中提到的“八颗心”：怠心、忽心、躁心、妒心、忿心、贪心、傲心、吝心。这八颗心就是我们平时改过的主要抓手。

怠心，就是懈怠之心。忽心，就是马虎、随意之心。躁心，就是浮躁、急躁之心，做事浅尝辄止，蜻蜓点水，结果自然不尽如人意。妒心，就是忌妒之心。忿心，就是愤怒、怨恨之心，看什么都不满，觉得别人做什么都不对。贪心，贪利、贪名、贪色之心，贪图享受也是贪心。傲心，自高自恃，看不起别人，瞧不上别人的所作所为，在傲慢的人心中，只有自我，没有他人。吝心，就是小气、舍不得之心，舍不得自己的时间，舍不得自己的精力，舍不得自己的付出。钻研学问，他觉得花那么多时间值得吗？经营关系，他觉得有必要付出那么多吗？这就是吝心，即气量狭小。

念头生起，我们就需要去看它属于哪颗心，然后进行省察克治，这个动作也叫“格物”，也就是正念头，是中国古代知识分子修身的基本功。

这些都需要我们刻意练习，也许刚开始我们会觉得不知所措或筋疲力尽，随着练习的深入，你的改过、格物的功夫会慢慢成熟。它需要一个过程，也需要我们笃行。

随时随地反省，时时刻刻复盘

曾子说：“吾日三省吾身。”我们每天都要持续不断地反省，每做一件事都要一边做一边反思，一旦发现问题马上改正，事后还要不断地回顾、复盘，检视自己是否走在正确的道路上。

孟子说：“必有事焉，而勿正，心勿忘，勿助长也。”人每天每时每刻都必做的一件事就是复盘、反省，为善去恶，就像雷达一样，随时扫描检视自己的每一个念头。只要有念头发生，就代表有事，只要有事，人就要进行复盘检视，省察克治，确保善念能存、恶念能除。

一个人几乎时时刻刻会有念头，因此，我们要随时随地、时时刻刻对自己的念头进行复盘检视，即使是一个人的时候，也要做到“慎独”，即对自己的念头保持戒慎恐惧，以免不自觉地放松警惕，被恶念所掌控。

在拙著《复盘》一书中，笔者提出了复盘的三个层次：反观、反思、反省。

反观是指人需要回过头去看到底发生了什么，对于自己的优势与不足、责任与问题，更多是反求诸己，回顾整个事件发生的过程，向过去学习、向自己学习。

反思更多的是在反观的基础上进一步寻找事件背后所折射的个人问题和自己所存在的固有模式。

我们只有看到自己身上的固有模式，才有可能去调整和修正。不过，这还不彻底，我们还要进入复盘的第三个层次，就是反省。

反省是让心变得坚韧的一把钥匙。一个人只有心变得坚韧了，问题才能得到真正的解决。

人的反观和反思针对的是“事”，反省则针对念头，在念头上下功夫。念头是心的起用，人在念头上下功夫，就是在心上用功。

因此，随时随地复盘，时时刻刻复盘，实际上就是复盘的第三个层次——反省。

人只有去除恶念、保存善念，让自己正念正行，才能依道而行，行道有得，才会有德可言，不然人若错念错行、恶念恶行、邪念邪行，哪有什么德可言呢？

因此，反省，时时刻刻复盘，就是人积德、养德的核心功夫。

积德、养德是在心上下功夫，在念头上下功夫，而不仅仅是在行为上下功夫。如果你的念头不对，你做了再多的好人好事又有什么意义呢？

因此，孟子告诉我们："是集义所生者，非义袭而取之也。行有不慊于心，则馁矣。"人的浩然之气，来自一次又一次的行道义，如果人有一次不讲道义，浩然之气就泄掉了。因此，我们面对每一件事时，都要回到自己的心，问自己对与不对，问自己何为正确。

如果我们对每一件事都持有无所谓的态度，天天冥行妄作，突然有一天良心发现，然后做了一件好事，就想有一身正气，这就是"义袭而取"，是不可能的。

因此，我们每天所要做的是"必有事焉"，一定有一件事，一定要做一件事，这件事就是为善去恶、居仁由义。我们要不断地去集义、积善，不要忘记了，也不要揠苗助长，这就是勿忘勿助。

我们积德、养德也是如此，要"集义"，一点儿一点儿地养出来，一点一滴地积累，而不能速成。

《易传》指出："善不积，不足以成名；恶不积，不足以灭身。"《了凡四训》也指出——"《书》曰：'商罪贯盈，如贮物于器。'勤而积之，则满；懈而不积，则不满。"夏桀、商纣也不是一下子就恶贯满盈，他们的恶是慢慢积出来的。善亦是如此，都是人慢慢积满的。

"勿以善小而不为，勿以恶小而为之"，人不要看不上小善，把小善做好，由小到大，最后才能变化气质。

孟子说："恻隐之心，仁之端也；羞恶之心，义之端也；辞让之心，礼之端也；是非之心，智之端也。"恻隐之心、羞恶之心、辞让之心、是非之心这四种善心善念是仁义礼智的萌芽，人抓住这些萌芽，不断将其培养壮大，慢慢就能内圣外王，德被四方。

第三节　人生修炼总框架：三纲八目

大学之道，在明明德，在亲民，在止于至善。知止而后有定，定而后能静，静而后能安，安而后能虑，虑而后能得。物有本末，事有终始。知所先后，则近道矣。

古之欲明明德于天下者，先治其国；欲治其国者，先齐其家；欲齐其家者，先修其身；欲修其身者，先正其心；欲正其心者，先诚其意。欲诚其意者，先致其知；致知在格物。物格而后知至，知至而后意诚，意诚而后心正，心正而后身修，身修而后家齐，家齐而后国治，国治而后天下平。

自天子以至于庶人，壹是皆以修身为本。其本乱而末治者否矣。其所厚者薄，而其所薄者厚，未之有也。此谓知本，此谓知之至也。

——《大学》

随时随地、时时刻刻复盘反省，实际上就是《大学》中提到的格物、致知、诚意、正心。

《大学》就是人生使用说明书，道出了人生修炼的基本框架。

《大学》讲的是“大人之学”，开宗明义，人来到世界上就是要成长为一个“大人”——人生下来并非一个完整的、真正的人，人生的目标是通过人世的历练，使自己成长为一个真人、大人。

“大学之道，在明明德，在亲民，在止于至善。”我们为了成为一个完整的、真正的“大人”，必须做好三件事：第一件事是明明德，第二件事是亲民，第三件事是止于至善。这就是人生最重要的三件事，后人称之为“三纲领”。

所谓明明德，第一个“明”是动词，第二个“明”是形容词，“明德”就是光明的德行，“明明德”就是擦亮良知，擦拭光明的德行，让它发光，让它照亮自己。

人本就有光明的德行，不需要去外求，也不需要请求他人赐予，只需要点亮自己的心灯，擦亮自己的良知，让自己本有的光明照射出来就好。

如同太阳照亮了自己，自然照亮了万物，这就是《易传》上所讲的“自昭明德”，自己昭明光明的德行，即向内求。

《道德经》告诉我们：“道生一，一生二，二生三，三生万物。”万事万物都是道所生，只不过道不自生。道生成了万事万物以后，也永久地留在万事万物当中。人也是来自道，本来就合乎道，本就是道的一部分。人最后也要回归于道，回归的方法就是明明德，即明道，让这个道大放光明，指引乾坤，自行运作。

这就是第一件事——明明德。

第二件事就是亲民。民即是人，亲民就是亲人，天下本一家，所有人都是你的亲人，你需要想办法让更多的人能够明明德。

亲民的前提是你自己能够明明德，别人被你影响和感化，自然能明明德，这就是《中庸》所讲的“修道之谓教”，修道，本身就是一种教。你改变了，你的家人就改变了，你的团队就改变了，更多人就跟着改变了。你不改变，反而期待他人改变，他人也改变不了。

因此，明明德是本，亲民是末，明明德是先，亲民是后。这里存在一个本末先后的问题，笔者会在下文提到“知所先后，则近道矣”。

第三件事就是止于至善，即人要守得住，要在明明德和亲民上定得住，始终下功夫，守在“至善”之中。

至善就是不断明明德、亲民之后达到的一个自然的境界。人到了至善的境界，要继续“集义养气”，继续修养浩然之气，不做有愧于心的事。

一切都是积累的结果，明明德、亲民也需要日积月累，这样才能有所得，所得就是至善。人达到了至善的境界，亦需要继续保持日日不断的功夫。

“文王望道而未之见”，人越往里走，越是进无止境。人要达到至善也是永无止境的，进一寸有进一寸的欢喜。

“知止而后有定，定而后能静，静而后能安，安而后能虑，虑而后能得。”其中，“得”是指“明明德”“亲民”“止于至善”。

如果得到多少功名利禄才是得，那么“明明德”“亲民”“止于至善”就变成了手段。

如果一个人只想得到功名利禄、身份地位，而不是为了明明德、亲民，那么他也成不了一个大人，只能是一个小人。

我们可以把这个“得”理解为学有所得、修有所得。

人想有所得，前提是“知止”。

什么是知止？知止就是人知道自己应止在一个地方，定在一个地方，此地就是“至善”。因此，人要能够始终“止于至善”，始终保持明明德、亲民的动作不停止，最终才有所得。

止于至善、明明德、亲民，成为一个“大人”，都是需要立志来达成的。王阳明说：“志不立，天下无可成之事。”志立不住，人若想成为一个“大人”，只能是痴人说梦。

因此，学习、修炼、做事的起点都是立志。

“吾十有五而志于学，三十而立”，人在15岁时立志学以成人，30岁的时候志向立住了，终于再也不更改了。

“三十而立”中的“立”，是指志立，而不是所谓的“经济独立”。

王阳明说：“立志而圣则圣矣，立志而贤则贤矣。”你立志成为圣人就能成为圣人，立志成为贤人就能成为贤人。曾国藩说：“君子之立志也，有民胞物与之量，有内圣外王之业，而后不忝于父母之所生，不愧为天地之完人。”立志，就是要立完人之志，正所谓“不为圣贤，便为禽兽”。

人不仅要立志，还要“自问立志之真不真耳”。

因此，立志实际上就是知止的方法，志有定向以后，人才能有定力，才能定心。

心定了，人才能静下心来好好干活，才不会左思右想、三心二意。

心静了，人才会心安，安于平静，安于平凡，安于此时此处，不着急有所得，懂得进退，懂得荣辱，懂得适可而止。

心安了，即使外面一片嘈杂，人内心依然一片宁静，自然心明眼亮，能做出准确的判断和选择。

心定了、心静了、心安了，人自然就会有所得，即心安理得。

心安理得，就是作为人的最高的追求。

明明德、亲民、止于至善是“三纲领”，格物、致知、诚意、正心、修身、齐家、治国、平天下是“八条目”。“三纲八目”就是人修行的总框架。

格物、致知、诚意、正心属于明明德；齐家、治国、平天下属于亲民；修身既属于明明德，又属于亲民，乃是一个连接点。

格物、致知、诚意、正心属于内圣，修身、齐家、治国、平天下属于外王，人只有做到内圣，才能做到外王。格物、致知、诚意、正心，为先、为因；修身、齐家、治国、平天下，为后、为果。

格物、致知、诚意、正心是向内求，人若想做到齐家、治国、平天下，前提是向内求。

我们如何修身呢?

人修身的关键，就是在格物、致知、诚意、正心上下功夫。

格物中的“格”就是“正”的意思，“物”就是关于某件事的念头。所谓格物，就是正念头，人要把不正的念头正过来。正如王阳明所言，“格物如格君之格，是正其不正以归于正”。

致知，就是致良知，按照良知的指引去行动，比如“入则孝、出则悌”。你回家见到父母，良知自然会提醒你要孝敬父母；你在外见到朋友、同事，良知自然会提醒你要懂得友爱、关照他人。

如果你见到父母不知道孝敬，这就是不正的念头，要把不正的念头正过来，就是格物。格物多了，你内心不正确的知见、不当的言行被清理得多了，你自然能够正知正行，达到致知。

格物和致知相互促进，相得益彰。人格物多了，知的范围就扩大了，致知多了，格物的频率和能力也会相应提升。

诚意，就是不自欺。你明明知道自己不对，却不去格掉错误的念头，还假装无所谓，甚至掩盖错误，这就是不诚。

如果你无诚意，还冥行妄作而不自知，还自以为多聪明，把自戕当作自爱，就没办法格物、致知。

如果你能够做到不自欺，能够随时随地戒慎恐惧，自然就能不断地擦亮自己的良知。

所谓正心，就是让心归正。正如孟子所言，“学问之道无他，求其放心而已矣”，修身求学的关键，就是把放逸在外的心找回来，然后让它回到应有的位置，这就是正心。

《大学》举例说明了什么是正心：

> 所谓修身在正其心者，身有所忿懥，则不得其正；有所恐惧，则不得其正；有所好乐，则不得其正；有所忧患，则不得其正。心不在焉，视而不见，听而不闻，食而不知其味。此谓修身在正其心。

当你愤怒的时候，你的心就跟着愤怒的情绪跑掉了，心就不见了；当你恐惧的时候，你的心就跟着恐惧的情绪跑掉了，心就不见了；当你兴奋的时候，你的心就跟着兴奋的情绪跑掉了，心就不见了；当你担忧的时候，你的心就跟着担忧的情绪跑掉了，心就不见了。

人的心本来就像北极星，“譬如北辰，居其所而众星共之”。如果你的喜怒哀乐等情绪把心给带走了，心不在自己的正位上，人就会出现各种各样的问题。

因此，心一定要在它应在的位置，这就是正心。

心若在，即使忿懥、恐惧、好乐、忧患来了，你的心也不会受到它们的影响，人就能不以物喜、不以己悲，就能不得意忘形、也不失意忘形，也不会在爱一个人的时候就希望他活着，在恨一个人的时候就希望他死去。

心在、心正以后，人才能修身，才算是修身。

因此，格物、致知、诚意、正心、修身，是一不是二。

我们要不断地通过齐家、治国、平天下来训练自己格物、致知、诚意、正心、修身的能力，同时，通过格物、致知、诚意、正心、修身来帮助自己实现齐家、治国、平天下。这也是一个相互促进、相得益彰、循环往复的过程。

05

第五章 修德进阶：体认吾性自足

时时刻刻复盘作为修德的核心技术，包含两个层次：第一个层次是人要在念头上下功夫，时时刻刻为善去恶，省察克治；第二个层次是人应该从念头上回到心上，在心上下功夫，体认吾性自足。人只有体认到了时时刻刻吾性自足，才能真正从念头当中解脱，才有机会做到种德养德。

第一节　跳出念头：念头是念头，我是我

人们所遭遇的大部分困境，是念头之困

我们经常会陷入各种困境中，其实，很多时候是困于念头、困于自己。

从表面上看，我们会认为是某个人、某件事伤害了自己，其实，是我们的念头伤害了自己。放眼望去，大部分人多年被念头所困，沉陷其中。

假设你正在做某件事，某人却在旁边表示不满。他越唠叨，你越气愤。你或许会强忍着，或许会选择回击，无论如何，你都以为自己是被这个人所困、所苦。其实，你细细探究就会发现，你是被自己的念头所困、所苦。

当他在唠叨的时候，你会怎么样？

你会不安，会气愤，会抱怨，会产生很多的念头，比如：你怎么能这样？你又不满了？你又不高兴了？你什么时候能改改你的德行？你真让人无语！我怎么做你都不满意？你总是这样！我真是倒霉！你能不能少说两句？你到底要我怎么做？……

无数的念头让你不得安宁，你会感到痛苦、压抑，却意识不到自己正在被无数的念头所掌控。

如果人能够从各种纷飞的念头中跳出来，就会重获自由和自在。

念头是念头，我是我

其实，“念头是念头，我是我”。

如果你能完成和念头的分离，那么当你陷入困境的时候，你的感受会好一点儿。

真实的你如同一面镜子，这面镜子无物不照。

念头产生的时候，你只要做回镜子保持观照就好，这样就不会受到伤害，不会感到痛苦。

假如某个人正在抱怨你，你怎么办？

你会立马照到这个人正在你旁边跟你唠叨、抱怨，仅此而已。

他选择抱怨，你也许无法控制；他选择用难听的话来对待你，你也许无法改变。他选择以这种模式跟你相处，那是他自己的选择。你能改变他吗？你短期内估计不可以。

那么，再进一步——他如此对你，你受伤了吗？

你作为一面镜子照到这些，镜子会受到伤害吗？当然不会。

你还可以怎么做？

你做自己的事情，对于他说的话，“洗耳恭听”就好。你也可以笑着听他到底在说些什么。如果这时候你的大脑产生了很多的念头，那么一定不能被念头带走，你要能照到这些念头。

人照完念头之后呢？

照完后，你需要做什么就去做什么。他也有疲倦的时候，抱怨累了自然会停止。

因此，你从头到尾练的是照的功夫。如果功夫不够，你就会被自己的各种念头带走，陷入念头之困。

你一定要记住，念头是念头，你是你。念头如同天空中的白云来来去去，飘忽不定；你如同天空，白云自来去，而你镇定自若。

念头经过人欲层后会变成贪嗔痴慢疑，变成名闻利养，变成忿懥、恐惧、好乐、忧患。

《大学》讲：“身有所忿懥，则不得其正；有所恐惧，则不得其正；有所好乐，则不得其正；有所忧患，则不得其正。”

因此，我们要始终保持清醒，不断地修正念头，这就是“致良知”。我们要保持在真我之心的位置上去照各种私心杂念，而不是被自己纷飞的念头所掌控。

外境会使人产生各种各样的念头，但我们不是念头，而是里面的真我之镜。我们只要保持观照，就能免于念头之困、之苦。

我们了解了这些内容后，还要去践行，去刻意练习，每一次念头起伏的时候，都是我们刻意练习的时候。

在众多纷飞的念头中，有一种隐藏在幕后的执念：你怎么还不改变？你什么时候改变？你能不能改一改啊？你一定要改变！只有你改变了，我才有幸福！我一定要想办法改变你！

当这种改变他人的执念尤其强烈时，你就会倍感痛苦。

其实，你需要做的不是改变他人，而是做回自己的镜子，观照就好了。

如果你期待对方改变，期待对方改变了以后自己就会获得幸福，那么这种期待就是一种“求”。你一直在对方身上求，求对方对自己好一点儿，求对方不要再这样了……这种向外求会让你更加痛苦。你越向外求，就越求不到。当你不再向外求了，对方反而自动改变了。

“反求诸己”就是强调自我反省和自我改进。

你在自己身上求什么？你求自己不被念头带走，求自己能做回镜子，求自己如如观照，这就是向内求、求诸己。

当你向自己求的时候，你才会有力量，才会有改变，才会在困境中保持如如不动之心。当你不再被外界所影响的时间久了，对方就消停了。

对方没有改变，或许是因为你自己没有改变。

为什么你自己没有改变呢？

因为你没有内观自己，没有在念头上下功夫，困于念头，苦于念头。

因此，人应该在自己的起心动念上下功夫，一定要时时刻刻复盘、省察克治，不断提醒自己念头是念头，我是我。

第二节　种德养心：体认吾性自足

时时刻刻复盘的两个角度

时时刻刻为善去恶是从格物、正念头的角度来讲，吾性自足是从致知、致良知的角度来讲，人只有将正念头和正心交替使用，才能真正从念头中解脱，不断地修养自己，随心而行。

王阳明说："种树者必培其根，种德者必养其心。"因此，修德同样需要从培根做起，心就是德的根，根深才能树茂。人想要体认吾性自足，就要在心上下功夫，这样才能更好地保持时时刻刻为善去恶，从而不断积善积德。

我们为什么会抱怨，会有忿念，会情绪低落，会伤心、难受？

因为我们在向外求，在某人、某物上求，反而忽视吾性自足，才会无意识地跟着怨念、忿念妄行造作。

因此，当我们因某人、某事而抱怨，感到伤心、难受时，我们要觉察到吾性自足，就根本无须向外求。

向外求，让我们随时处于自己建造的牢狱之中。

当遇到事情的时候，我们要去体认吾性自足、回到本体，就会变得更加自在、坦然、轻松、自由、幸福、满足……

我们随着念头起伏，伤心的时候使劲伤心，痛苦的时候使劲痛苦，难受的时候使劲难受，一直处于自我折磨之中，就很难得到真正的自在满足。

阳明先生龙场悟道，悟出“圣人之道，吾性自足，向之求理于事物者误也”。这句话，岂是那么简单？

人若悟出自己什么也不缺，不需要从他人那里得到什么，相信自己如同太阳会发光，无论他人对他如何，他都可以做到善待他人。如果我不愿意的话，那么也可以不再对他人好。我不责怪他人，他人愿意做什么，那是他自己的事，别人改变不了。吾性自足，我不需要在他人身上索求任何东西。

我们之所以希望他人对自己好，希望他人看见、夸赞、认可、爱自己，是因为我们把自己假设成了一个有缺口的人。一个人内心残缺，需要填满，才会向他人索求爱，反而忘记了吾性自足。

我们要不断地借助各种事情，去体认自己的存在，体认吾性自足，做到不假外求。

不是去学，而是停下来体认

我们会去追逐各种东西，得到了这个，又去追逐另外一个。我们今年挣了 100 万元，明年又想挣 1000 万元，不会满足。我们追来追去才发现幸福不见了，喜悦不见了，开心不见了，满足不见了，人生一辈子一直在追逐中度过。

其实，开心很简单，我们只要停止追逐，便可以享受当下的快乐。

我们去学这个，学那个，却忘记了停下来去反思一下自己到底是谁。我们能否停下来体会此时此刻的自己是否开心、满足、自在？

这就是体认。

我们无须寻找幸福，此时此刻就是幸福的；我们无须等待，现在就去做自己喜欢的事，就会感到满足。我们做着自己热爱的事，就不会想太多，人就会变得更简单、更单纯。如此，我们才能把事情做好。

如果我们心中有很多想法、欲望，极其浮躁，该如何把事情做好？我们如何动机至善呢？

只有喜欢，人才能动机至善。人若不喜欢，算计就来了；算计来了，痛苦就来了。人有了喜欢，就不会感到迷茫，就不会在意得失。

想一想，你现在因为缺少什么而无法自足？其实，你什么都不缺，只要去付出、去关怀、去爱就好了，你只要去发光，去散发自己的热情，去挥洒和创造就好了。这样的你自然是“吾性自足”的。

人不要把自己当成赚钱的工具，要把自己当一个活生生的人，一个有自己喜欢的事情、懂得享受生活的人。我们不要为了证明自己，为了比较，为了荣耀，为了名利，让自己活得很累。

人应该简单一点儿，单纯一点儿，真实一点儿。

现在，我们就可以去体认吾性自足，如此我们就不容易被念头带走，就会活在真相中，活在道中，依心而行，从而不断地修心种德。

第三部曲　事

事上练——一生一件事，人事合一

06

第六章
找准自己的一生一件事

一个人要想翻盘改命，既要在心上磨、德上修，还要在事上练。事上练的核心是找到自己的一生一件事，实现人事合一、知行合一。为了找到自己的天命之事，我们需要借助个人定位导航系统，帮助自己沟通并打通天道、地道和人道。在这个系统中，热情与才干是最强烈的导航信号。人生只有两条路，要么找到自己热爱的事，要么热爱自己正在做的事。只有热爱，人才能进入事中，让事自动推着自己往前走，让人做事，让事教人，最终实现人事合一、知行合一。

第一节　个人定位导航系统

正和岛创始人刘东华认为："一个人围着一件事转，最后全世界都可能围着你转；一个人围着全世界转，最后全世界都可能抛弃你。"这说明了聚焦的重要性。

在蒙牛集团创始人牛根生看来，人就是要找到自己的"天才区"去发力。所谓的"找到天才区"，就是要找到自己独一无二的定位，人只有找准自己的定位，找准自己的一生一件事，才有可能达到一呼百应、影响世界的效果。

人如何才能找到自己的天命之事，走一条天人合一的道路呢？

我们需要借助个人定位导航系统（即个人定位九宫格）。个人定位导航系统由天地人构成，我们可以通过这个系统去沟通天道、地道、人道，将天道引入人道，找到人道的成事准则，找准个人的身份、角色、定位，并通过地道将它落实到具体的实践中。

在人道层面，我们需要回答三个问题：我的主业是什么？我的志向是什么？我的热情与才干是什么？

我的主业是什么？

关于主业，很多人会说我的主业是会计，我的主业是销售，我的主业是互联网，我的主业是地产……人们会把自己做了很多年的职业或者生意当成主业，其实，职业、行业、所在的领域未必就是自己的主业。

对于目前每隔几个月、一两年或者三五年就跳槽一次的人来说，他的主业又是什么呢？

其实，主业就是人一生都不改变的事业。人的职业是可以改变的，生意形态是可以改变的，主业最好是不变的。

读客文化股份有限公司董事长华楠本来从事广告业，后来涉足出版业。他刚开始以为自己会喜欢出版业，但是没想到在很多年里，他都没办法对出版产生兴趣。直到找到读客的使命——激发个人成长，他才觉得自己所做的事情更有意思了。

对于华楠来说，出版业是他的主业吗？其实不是，“激发个人成长”才是他的主业，这个主业是不变的。他后来还做了艺术工作室、写诗……虽然做的事情不同，但都是在践行“激发个人成长”的使命。

不过，华楠真正的主业更完整的表述是“传播超级符号，激发个人成长”，无论他是做广告、出版，还是搞艺术、写诗，都是运用超级符号的方法论。他是为超级符号而生的。

人只有围绕一个不变的东西去积累，10年、20年以后才会有一番作为，如果主业一直变来变去，人生走到最后估计也很难有所成就。

对于一个卖包子的商贩来说，卖包子只是他的一份生意，他的主业也许是“让更多人吃得好、生活得更好”，即使他以后开了饭店或酒店，依然是在推进“让更多人吃得好、生活得更好”的主业。

对于一个卖手机的人来说，卖手机只是他的一种生意形态，也许“让更多的人可以心心相通”才是他的主业。因此，即使以后他的生意版图上多了茶方面的业务，他依然是在推进“让更多的人可以心心相通”的主业。他只是通过茶这个媒介，去构建一个线下的门店网络、交流空间，去促进更多的客户借助这一媒介，结识更多的人，进行深入的沟通互动，彼此心心相通。即使以后他有了其他的生意形态，他的主业依然是不变的，“让更多的人可以心心相通”就是他一生的事业。

唯有如此，他才能花费数十年深深扎根，不断积累，才能真正地把一件事做好，从而改变自己的命运。

如果他只是觉得什么赚钱就去做什么，并没有不变的主业作为支撑，那么他的事业只是一种空中楼阁，不会有什么真正的积累，也很难基业长青。

因此，当想要改变的时候，我们第一时间不应该去寻找第二曲线，不是去找新产品、新需求，而是回到自己，去厘清自己的主业，持续在自己的主业上深耕。

当我们的主业确定的时候，我们一生的主航道就确定了。

只有这样，我们才能真正翻盘。

我的志向是什么？

我将用自己的生命去完成什么、塑造什么、践行什么？

这里所讲的志向，是一个人的事业之志，关于立志的具体内容可以参考拙著《心法》。

当一个人的主业确定的时候，他的志向也确定了。

“激发个人成长”既是华楠的主业，也是华楠的事业之志。在这个志向之下，他从事出版，也从事艺术工作，甚至还写诗。在这个志向的指引下，他可以实现“浑然一体地活着”。

“让人生更美”既是阿那亚创始人马寅的主业，也是马寅的事业之志。在这个志向的引领下，阿那亚的地产业务、建筑业务只是马寅业务其中的一小部分，更多的业务是文化和艺术。在这个志向的引领下，马寅的工作和生活完全融为一体，他的工作更像是度假，度假就是他的工作。

孔子提到的“三十而立”，“立”实际上是指人的志立住了，到了四十岁也毫不疑惑，到了五十岁更知道志向就是自己的天命。无论他是教学化人，还是周游列国，无论他是参与政治实践，还是著书立说，都是他实现自己志向的一种手段。

有了志向以后，一个人就可以“知止”，就可以知道自己在哪里停下来，一辈子就待在那里，不东张西望，持续把一件事情做好。“知止”以后，人才能心定，才能心无旁骛地去深耕和积累。

因此，志有定向，才有方向。找不到自己的志，立不住自己的志，人会到处折腾，却收效甚微。

志向是用来定向的，用来确定一生的发展方向，并不意味着人在这辈子就可以完成。人可能一辈子也无法实现真正的志向，但它依然是激励人不断向前的内在动力。

在某种意义上，志向不是一个具体的、人生要去实现的目标，比如买房子、买车、读研究生等。志向是你愿意为此贡献一生，但永不后悔的东西。

主业和志向加起来，就是志业，志就是主业，主业就是志，是一而二、二而一的事情。当你去寻找自己的主业的时候，其实你在寻找自己的志向；当你在确认自己的志向的时候，其实你在确认自己的主业。

志业就是你这辈子来到这个世界上的目的，就是你这辈子要做的那件属于你的独一无二的大事。只有找到这个志，立住志，你才能走在自己天命的路上，才能一生无悔、逆风翻盘。

我的热情与才干是什么？

很多人会说，我不知道我的主业是什么，也不知道我的志向是什么，应该怎么办呢？当你暂时不清楚自己的志业的时候，你可以从你的热情与才干入手，去看看你的兴趣是什么，你的热情在哪里，你的才干是什么。

例如李安，小时候读书并不怎么好，但接触了戏剧，立刻变得不一样了，他觉得自己“解放了”。他站到舞台上，就知道自己的道路在哪里。他在很小的时候就跟自己的父亲说：“我觉得我是属于这方面的！”他在初中的时候，就告诉自己的父亲“我想当导演”。李安知道自己的兴趣是什么，知道自己的热情在哪里，“我一读电影专业就知道走对了路”。他也知道自己的才干是什么，一到拍电影的时候，所有的同学都会听他的指挥，他能透过摄像头看到别人所看不到的东西。这就是天分，就是才干。

一个人知道了自己的热情与才干所在，就能找到自己的主业，也能发现自己的志向，因此，热情与才干是一个信号，也是一个线索，能够为人们指引真正的方向。

蔡志忠在 4 岁的时候就知道自己的终生职业是漫画家。他在很早的时候就知道自己的热情与才干所在，一直沿着这条道路往前走，最终创造了精彩纷呈的人生。

因此，你一定要知道自己的热情在哪里，一定要知道自己的才干是什么。因为人生到底走哪条路，不是算计出来的，也不是计算出来的，更不是理性思考出来的，人只有找到内心的热爱，最终才能拨云见日。

因为兴趣、热情、才干就是最好的人生导航。

如果你能完整地回答“我的主业是什么？”“我的志向是什么？”“我的热情与才干是什么？”这三个问题，那就意味着你找到了自己的天职、天命和天赋。

热情即天赋。每个人的天赋不一样，你对什么充满热情，就是你具备什么样的天赋的一种信号。如果不知道自己的天赋是什么，你就去看自己的热情在哪里，看自己对什么事物充满热情。

主业即天职。你的主业就是你这辈子的天职，就是你这辈子生而为人、来到这个世界上所要完成的任务、所要尽到的责任。

只要不断地在自己的主业上深耕，你就是一个拥有天职的人。一个拥有天职的人，如同孟子所说的有“天爵”的人。

只要一直沿着自己主业的方向前进，一直按照自己的天职去奋斗，你就是一个拥有天爵的人，如此才能真正地改命换运。

志向即天命。你的志向就是你的天命，你之所以立这样的志向，是因为你的心想要你这样去做。因为所谓的志，只是心想要去的地方而已。心之所向，才是你的志向。心为什么想要你去那个地方呢？因为那是你的天命所在之地。

因为心“不虑而知、不学而能”，只有按照内心的声音去走，你才能抵达自己理想中的目的地。

乔布斯曾指出：“不要让其他人的观点掩盖你内心的声音。更重要的是，要有勇气听从直觉和内心的指引，它们在某种程度上早就知道你想成为什么样的人，其他一切都不重要。”

综合来看，在人道层面，你找到了自己的志向、主业和热情，就找到了自己的天赋、天职和天命，可以依天道而行，走上正道。你只有走正道，才能少走弯道。

在地道层面，你需要将自己的志向转化为具体的目标和愿景。沿着志的方向往前走的时候，你最终会到达哪里？你最终会实现什么？这些都需要你描绘出来。

你也需要将自己的主业落地为具体的职业，比如将“激发个体成长”落在出版业上，从而拥有一个出版人的职业身份，或者将“激发个体成长”落在诗歌创作上，拥有一个诗人的角色与身份。如果你没有一个具体的职业身份，那么你的主业就无法得到落实和推进。

同时，你需要将你的天赋、热情与才干转化为作品、产品，即一个具体的东西，这样才能连接更多的人，满足更多人的需求，从而产生实际的价值。如果你仅有天赋、热情，而不去打磨相应的作品和产品，那么这些天赋就没有产生价值，这些热情与才干对社会也没有什么贡献，你等于浪费了自己的天赋。

以上就是天地人个人定位导航系统的全部内涵，相信你通过这个导航系统，结合自身实际，可以更好地与天地沟通，找到自己的先天禀赋，强化自己的后天资源，走一条天人合一的人生道路，从而实现人生的翻盘。

第二节 热情与才干是最强烈的导航信号

在天地人个人定位导航系统中，热情与才干是非常关键的因素。没有热情和才干做支撑，人往往只能机械性地活着，如同行尸走肉，更谈不上创造和翻盘的可能。

当星巴克的创始人霍华德·舒尔茨第一次在西雅图喝到纯正的咖啡的时候，他就知道自己的未来会和咖啡有着密切的关联，以至放弃了自己之前干得很好的职业，冲进了咖啡的世界，从头开始学起，并把咖啡作为了自己的终身事业。

热情的外在表现就是你对一个东西或者一件事情有着强烈的兴趣，它是一种强烈的热爱，甚至是自灵魂迸发的热爱。

正如营销人小马宋所说：喜欢是有条件的，会考虑利益得失；热爱是无条件的，不计较那么多事。对企业和品牌经营者来说，如果只是喜欢，你会觉得那是系统设计的结果；如果是热爱，你会觉得那是带有创始人灵魂的东西。

这种带有灵魂气息的热爱，才会真正改变我们的人生轨迹。

很多人以为兴趣就是一种喜好的情绪，有兴趣去做自己喜欢的事。其实，兴趣更多的是带给我们一种自我约束。我们选择了一项兴趣，它就会在无形中驱动我们去做自己原来不想做的事，比如保持天天练习，而不是躺在家里玩手机。

姚明高考的时候，父母帮他选择了体育学校，因为可以加分，但在刚开始训练的九年里，他并不喜欢打篮球，每次训练都是为了完成任务，直到最后才感受到这项运动的乐趣。他说："以前，篮球和我是两个完全独立的物体，当兴趣使我们结合起来后，篮球成了我的一部分，或者说我成了篮球场的一部分。在篮球场上，鞋子摩擦地板的声音，篮球撞击篮筐的声音，或者投进的声音，在场上奔跑时从耳边划过的声音，对我来说都是一种享受。"

这就是"人事合一"。

在你和自己所做的事情结合之前，你是体会不到这种乐趣的，只会觉得事情让人难以忍受。

很多人以这样的方式去做自己不得不做的事情，而没有想办法从中去发展出自己的兴趣。

就像做饭，你可以很讨厌做饭，觉得做饭浪费生命，也可以很喜欢做饭，把做饭视为平生最大的享受。去做同一件事，你觉得是在消耗还是滋养自己，完全取决于你的心态和选择。

因此，我们要以一种开放的心态去理解一件事，哪怕自己暂时还不喜欢。如果人永远站在对立的情绪上，只会让自己的未来变得越来越漫长，越来越漫无目的。

当不得不在某个领域做事的时候，我们不妨去努力培养出自己的兴趣。姚明认为，“如果培养出了兴趣，接下来，兴趣会培养我们的品质，让人愿意为了兴趣放弃其他更舒适的选项”。他说：“在做出这样选择的同时，我们就在慢慢长大，会明白人生就是一种选择，这时候让兴趣去引导自己做出最正确的选择，我们一定不会后悔。”

我们和事情结合后，兴趣就会引导我们走上一条正确的路。

王传福：兴趣，才是改写人生的密码

“进军汽车行业 20 年后，王传福终于在 2022 年迎来高光时刻。”比亚迪创始人王传福进入汽车行业的 20 年，是一个被高度低估、长期不被看好的 20 年，但是随着新能源汽车春天的来临，一切都改变了。

但是，20 年不是一段短暂的时光，20 年前就看准了新能源汽车领域，并且顶着巨大的压力毅然决然地投入，这需要创业者有卓越的战略眼光，也许人与人之间的差距就在于此。

王传福出身贫困家庭，13 岁丧父、15 岁丧母，哥嫂一直供他读书直至毕业。他怎么知道自己未来是电池大王，怎么知道自己未来是新能源汽车领域的王者？是他很努力吗？是他很有战略眼光吗？是他很会经营吗？是他的智商、情商很高吗？

王传福何以改写自己的命运？

其实，我们纵观王传福的前半生，关键性的事情都和“电池”有关。他读本科时对电池感兴趣，做研究生时继续主攻电池，到深圳的合资公司也是做电池，比亚迪公司的主要业务就是生产电池。

王传福曾提到自己是从电池起家，再从电池延伸出去，商用车也好，乘用车也好，轨道交通也好，这些和电池都是分不开的，都是从电池延伸到一些新的领域。基本上都是基于电池、电机、电控技术的延伸，好像轨道交通跨了一个领域，实际上产品还是一样的。如同一辆电动大巴，只不过更加可靠，更加有档次，控制技术更高而已。

他还提到，电动车的瓶颈就是电池，电池技术的迭代、趋势决定了电动车的命运，因此人掌握电池的技术，或者掌握电池未来的方向，实际上就确定了电动车的战略。

如果没有电池，或许就没有王传福的一切。

某企业家曾评价王传福：“王传福是我见到少有的非常专注的人。他大学学的是电池，研究生学电池，工作做的还是电池。”

王传福之所以敢在20年前跳进电动车的陌生海洋，是因为他对电池技术的发展有准确的预判，这不是一种冒险，而是基于技术发展趋势的一种理性科学的推理。

他之所以能在读研究生之后留在研究院工作，并在26岁时成为当时最年轻的部门领导，是因为他拥有研发电池的核心技术。

他之所以能被委派到深圳担任合资企业的总经理，是因为他最熟悉电池领域，该企业是要生产电池的。

他之所以能考上研究生，是因为他在本科期间对电池产生了浓厚的兴趣。他全身心地投入到自己感兴趣的电池领域，经常买回一大堆电池，在寝室里研究。硕士期间，王传福不仅解决了本科时电池的各类问题，还对电池产生了更深层次的理解。兴趣与努力的融合，让王传福在电池领域持续精进。

我们不断倒推就会发现，兴趣才是人最好的老师。

你对什么感兴趣，并按照这个方向去走，才有机会改写自己的命运。

稻盛和夫：如何开启人生的良性循环

稻盛和夫刚开始参加工作的时候，他的状态跟我们现在的普通职场新人没有什么区别。当时，他的兴趣多变且他不善于将心思集中在一件事情上，对于新型陶瓷的研究并不感冒。他曾就职于一家小企业，研究新型陶瓷也是当时被领导分配下来、不得不做的冷门工作。而且公司很穷，没什么像样的实验设备，也没有前辈指导他。

在这样的环境下，人若想爱上自己的工作，实属不易。

果不其然，年轻的稻盛和夫干了一段时间后就干不下去了，动起了辞职转行的念头，然而世事难料，最终因为种种原因只好继续留在公司。

这个阶段，稻盛决定改变自己的心态。“埋头到工作中去！”他努力说服自己。即使无法做热爱的工作，但至少不去厌恶现在的工作吧，他决定倾注全力先把眼前的工作做好再说。

正是这个小小的决定，改变了稻盛和夫，让他喜欢上了这项研究，并研发出了当时世界上一流的陶瓷新材料。

他说："'天职'不是偶然碰上的，而是由自己亲自制造出来的。"

当时，为了推进实验，稻盛和夫开始去大学图书馆寻找有关文献资料。因为没有复印机，他就将资料手抄在笔记本上。

虽然囊中羞涩，但是他还是坚持购买研究新型陶瓷所需的书籍，还向国外陶瓷协会申请相关文献。他经常抱着一本词典，边看边译。

总之，一切从零开始。

随后，他便根据收集到的信息开始做各种各样的实验，反复摸索，逐渐沉浸其中。他开始迷恋工作、热爱工作、拥抱工作，而且一以贯之，无怨无悔。

稻盛和夫说：我们与其寻找自己喜欢的工作，不如先喜欢上已有的工作，脚踏实地，从眼前开始。寻找自己喜欢的工作，往往就像寻找一座空中楼阁，与其追求幻想，还不如先爱上眼前的工作。我们只要喜欢上了眼前的工作，就能不辞辛劳，埋头工作。我们只要一心一意埋头工作，自然而然就能获得力量。有了力量，我们就能做出成果。有了成果，我们就能获得大家的好评。获得好评，我们就会更加喜欢工作。

如此，一个良性的循环就开始了（见图 6–1）。

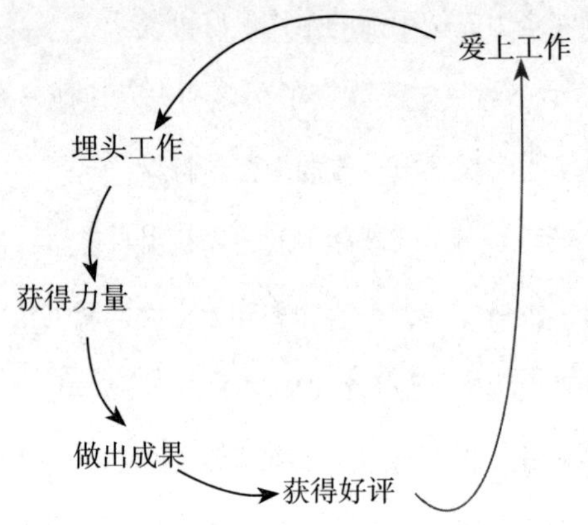

图 6-1 爱上工作的良性循环

在稻盛和夫看来，人要想做出成绩，首要是运用自己坚强的意志去喜欢工作，除此之外，别无他法。只有我们这么做了，人生才将硕果累累。

人如何才能提升自己呢？

我们只要努力热爱自己的工作，并沉浸其中，自然而然就能提升自己，甚至有意想不到的收获。

要么找到自己热爱的事，要么热爱自己正在做的事

面对重大选择，我们该何去何从？

段永平的回答是，面临选择的时候，最重要的是问自己是否喜欢它，人一辈子要有一定的快乐。我们要扪心自问，问自己喜欢不喜欢。

他说，我们要胸无“大”志地去做自己喜欢的事情。“同时，我们还要努力地去喜欢自己在做的事情。”人只有在做自己喜欢的事情的时候，才能激发自己最大的潜力，所以每个人要花费很大的精力去寻找自己喜欢的事情。

同时，他又强调后面一点：人要喜欢自己在做的事情。人马上找到自己喜欢的事情，是可遇不可求的。很多时候，我们投入到自己的工作中后，会慢慢找到乐趣，在努力的过程中，会渐渐地发现自己喜欢做什么。所以，我们努力喜欢自己在做的事情很重要。胸无“大”志，需要大家慢慢体会。

有人问读客的董事长华楠：“工作好多年了，一直没有找到热爱的事情，该怎么办？”

华楠说：“你要么去找到自己热爱的事，要么去热爱自己正在做的事。”

这和稻盛和夫、段永平的观点高度一致。

华楠说：“你不能说一直在做一件事，然后一直恨它，这样你就会变得很惨。这个道理我知道得确实有点儿晚了，所以我有十几年的时间是很痛苦的。在我 40 岁以后，我思考清楚了——我一定要做我一辈子都喜欢做的事情。”

乔布斯说：“人这一生想要不后悔，最重要的是你一辈子都在做你喜欢做的事。”

第三节 人做事，事做人：人事合一的圆满

让人做事，让事做人

人活在这个世界上，想要建设好自己、完善自己、完成自己，就必须去做事，借事炼心，所谓刀靠石磨，人靠事磨。

对成年人来说，学习就等于做事，做事就等于学习。离开事，人很难谈得上真正的进步和成长，也很难谈得上翻盘改命。

人想要真正有所建树，有所成就，仅仅靠“人做事”是远远不够的，还必须“事做人”。只有达到“事做人”的境界，人才能完成不可思议、难以想象的成果。那些在各个领域达成了卓越成就的人，大多是到了“事做人”的境界。

比如前文提到的蔡志忠，他画漫画的时候，可以一天只吃半个馒

头，连续工作十几个小时丝毫不觉得疲倦，不知道是他在画漫画，还是漫画在画他，时间好像消失了，自己好像不见了，这就是“事做人”的境界。

李安在拍电影的时候也是如此，不知道是他在拍电影，还是电影在拍他。是电影在推动他往前走，而不是他在推动电影往前走，这就是“事做人”。

张小龙在写代码的时候，就进入了“心流”状态，不知道是他在写代码，还是代码在写他。他在读大学的时候就是如此，深陷于一行行代码中不亦乐乎，每天一起床，就在电脑前一坐就到夜里 12 点。他在开发 Foxmail 的时候也是如此。他把一个年轻人所有的心血、全部的灵魂都倾注到了作品中，忘记了时间，忘记了自己，与一行行的代码合一。这就是“事做人”。

所谓的“事做人”，实际上就是人和事融为一体后，人进入到一种“天人合一”的状态，从而取用天地间的无尽智慧和能量，最后产生不可思议的成果的过程。

人只有按照内心的良知良能去行动，才能创造出难以想象的作品。

最典型的案例莫过于书圣王羲之写《兰亭集序》的故事。当时，王羲之酒后微醺，兴致颇高，乘兴挥洒，竟一气呵成“天下第一行书”，书法浑然天成，如有神助。有人说他是“出于醉笔，最富天真”。第二天酒醒他想再写一遍，竟再也写不出那种神韵。

这就是“事做人”的力量。这就是“人事合一”的效果。

人做事，最后事做人，这种状态就是“人事合一”的状态。人和事完美地圆满，人一旦沉浸于事情中，他的世界里就没有了时间，没有了得失，也没有了算计，保持一种很纯真的状态。这种行云流水的体验，就常常让人处于“心流”当中，人可以淋漓尽致地发挥、享受，从而感受到幸福与自在，能够自如地去创造，仿佛处于天人合一的状态。

07

第七章 “日行 30 千米”，下日日不断之功

成功是由日积月累的量变达到的质变，因此，我们需要下日日不断之功，“日行 30 千米”，保持一种“恒定的坚持”，在无序中形成有序，在混乱中形成一致。从量变跨越到质变，我们就能改变个人的命运，实现人生的翻盘。

第一节　恒定的坚持

人生就像滚雪球，你需要找到长坡厚雪，然后从一个小小的雪球开始，每天持续不断地给予小雪球一股力量，慢慢向前推动它，只要保持“日行 30 千米”即可。

1911 年，有 A 和 B 两支探险队想率先完成首次往返南极的目标。

A 探险队共有 5 人，B 探险队共有 17 人。A、B 两支探险队几乎同时出发，在两个多月后，A 探险队在预定时间率先抵达了南极点，B 探险队比 A 探险队晚到了一个多月。

此后，A 探险队按照原来的速度，两个月后又顺利地返回了原来的基地。B 探险队则因一再遇到坏天气，最终物资耗尽，无一人生还。

两支探险队面临同样的环境，却有截然不同的结果，为什么呢？

除了物资准备充分程度和交通工具上的差别，还有一个更重要的原因在于：无论天气好坏，A 探险队都坚持每天前进 30 千米。

反观 B 探险队，他们在天气好时疾速前行，每天行进 50 ~ 60 千米，天气不好时就搭起帐篷休息。

其实，“日行 30 千米”是人在无序中形成秩序，在纷乱中形成一致的经验。

你可以很努力，但是你的努力最好保有一种一致性，最好形成一种秩序，这种秩序能产生一种势能，从而持续地推动你往前走。如果你今天十分努力，明天又不努力了，或者只努力了三分，那么你的努力无法形成一种秩序，也无法产生一种势能，这对你的成长反而是不利的。

那些三天打鱼两天晒网、一曝十寒的人，无法产生一致性和秩序，也不会有很大的成就。

对大多数人来说，在对短期目标的追求的过程中做到“日行 30 千米”是容易的，而在对长期目标的追求过程中，更需要坚持“日行 30 千米”，这种坚持可能持续数年或数十年。其实，这需要人用一生去践行，去磨砺自我，这样，人才能够持续精进，逆风翻盘。

拙速

其实，“日行 30 千米”就是“不疾而速”。它是一种慢慢积累的过程，确保在一个合适的速度上匀速前进，不间断。

历史学家黄仁宇早年从军，后转行做学者，46 岁才拿到博士学位。黄仁宇是如何在历史学界后来居上的呢？他做了一件事，把 13 部、2911 卷、1600 多万字的《明实录》通读了一遍，成了当时历史学界可能唯一一位通读《明实录》的人。所以他后来居上，在历史学界有了一定的影响力。

他是怎么通读的呢？

他坚持每天读 50 页，花费 5 年全部读完。

这看起来很难也很简单，但这么简单的行为，又有几个人能做到呢？

明史学家吴晗于 1931 年考入清华大学。从大二开始，他每个周末都会去北京图书馆抄录《朝鲜李朝实录》中的史料，风雨无阻，坚持了 4 年，抄满了 80 个笔记本，后编撰成了《朝鲜李朝实录中的中国史料》一书，一共 12 册，300 多万字。这本书让吴晗成了明史学界的一座山峰。

人成功的前提不是集中攻关，不是临时抱佛脚，而是不疾而速，从不间断。

人只要每天前进一小步，天天坚持，就有可能成为某个领域的顶尖人物。这就是“日行 30 千米”的厉害之处。

下日日不断之功

华杉认为，勤奋不是争分夺秒，而是日日不断，滴水穿石。人无论立什么志，做什么事，都要永不停息地执行，下日日不断之功。

华杉出生在一个教师家庭，从小父母对他要求非常严格。他被教导最多、最重要的就是学习，而且每天都要学习。一年中，他只有一天可以整天不学习，那就是大年三十。这个习惯一直陪伴着他，只要一天没学习他就有很强烈的罪恶感。

华杉坦承自己是受曾国藩的影响。“我是听曾国藩的教导：晚上不出门，不应酬，早上早起，还有就是下日日不断之功。做学问一定要有日日不断之功，每天都做一点儿。不要说今天忙，明天补；也不要说今天有时间多做一点儿，明天歇一歇；也不要说今天出门不方便，你晚上总要住旅馆吧？在旅馆里也能完成功课。我就按曾国藩说的，无论去哪里出差，每天写一篇文章，153 天写完了《华杉讲透<孙子兵法>》，共计 25 万字。之后，我又写了《华杉讲透<论语>》，409 天完成，49 万字。日拱一卒，多大事都不难。我工作任务再重再忙，能有曾国藩的担子更重、工作更忙吗？他能做到的，我也努力去做。”华杉说道。

甚至住院做手术，华杉也要保证自己把当天的功课完成了。他的每日功课都有什么呢？

1. 每天坚持阅读 1 小时以上。大年三十休息一天，其他时间，必须学习。

2. 每天花费 45 分钟学习英语，一直不间断。

3. 每天晚上坚持 21：30 睡觉，第二天早上 5：00 起床。

4. 每天早晨 5：00—7：00 是头脑最清醒的时间，用来写作。

孔子常说“学而不厌，诲人不倦”，学习而不觉满足，教诲别人而不知疲倦，其实从更深的层次来讲，就是日日不断，在各个方面都坚持“日行 30 千米”。

你不要小看日日不断，“日行 30 千米”就是下一种日日不断之功。学而不厌，为之不厌，只有这样，你才会有真正的改变，才能让自己的雪球越滚越大。

第二节 3个抓手，让“日行30千米”落地

为了让“日行30千米”能够落地，我们需要借助一些抓手。

第一个抓手就是“标志性事件”。我们需要找到一件能够“日行30千米”的标志性事件。

每天早晨写作2小时，便是华杉的标志性事件，是他“日行30千米”的一个重要抓手。

对曾国藩而言，他的“日行30千米”的标志性事件就是写日记。我们甚至可以认为，曾国藩“半个圣贤”的英名，在很大程度上是他坚持每日写日记带来的成就。

写日记是曾国藩每天的必修课，写了30多年，为了让自己能够坚持下去，他甚至把自己的日记送给朋友们检阅，也经常把自己的日记抄写一份连同家书一并给家人看。他借助外部监督的力量，让自己把写日记这件事情持之以恒地做下去。

曾国藩写日记数十年未曾中断一日，这件事就好像血肉一样长在了他的身上，后人谈论曾国藩、研究曾国藩，必然要谈到曾国藩的

日记。

对沃伦·巴菲特来讲，他的“日行 30 千米”的标志性事件就是读书。在《成为巴菲特》的纪录片中，沃伦·巴菲特说他每天至少要花 5 ~ 6 小时看书。他的搭档和亲密战友查理·芒格甚至说：“我这辈子遇到的聪明人没有一个不是每天读书的——没有，一个人都没有。沃伦·巴菲特就是一本长了两条腿的书。”

你也需要找到一个标志性事件，每天提醒自己、鼓励自己、督促自己把“日行 30 千米”内化为自己的一个习惯，借助这件事，让自己保持在“日行 30 千米”的道路上。

“日行 30 千米”的第二个抓手，就是日课。所谓日课，就是日日不断地例行功课。

日课是以标志性事件为主导，以每日例行动作为主体的一个功课系统。

对华杉来讲，他的日课包括每天坚持阅读 1 小时以上、每天花费 45 分钟学习英语、每天坚持早睡早起、每天坚持写作 2 小时等。正是通过这样的例行功课系统，华杉才能保持持续的迭代和提升。

曾国藩的十二日课：敬、静坐、早起、读书不二、读史、谨言、养气、保身、日知所亡、月无亡所能、作字、夜不出门。对于这套日课，他不是坚持一天两天，而是坚持了半生，实属不易。

“日行 30 千米”的第三个抓手，是一个或一系列服务客户的经营活动。

你要将自己的“日行 30 千米”与工作、主业紧密结合，使其能够推动目标的达成，在你的事业当中落地生根。

“日行 30 千米”的周期并非一定是以天为单位，也许是周或年，一个人能够以一个固定的节奏往前走，均可称为“日行 30 千米”。

“日行 30 千米”最重要的是在主业上，以客户为中心，持续地迭代产品和服务，达成业绩指标，朝着既定方向和目标，保持匀速前进，而不是今年追求跨越式发展，明年期待业绩增长奇迹。

华杉的“日行 30 千米”，不仅在于他的日课，还在于他要推动自己创办的华与华公司持续不断地以更高的标准服务客户、深耕客户需要，秉持“让企业少走弯路”的使命，朝着“成为世界第一咨询公司”的长期愿景，一年又一年地持续积累，把每一个客户都服务好，把每一个项目都管理好，达成每年的经营目标，近悦远来。

如果抛去华与华的业务，抛去市场中的实战，抛去服务客户，只是日复一日地写作，只是坚持着自己的日课，华杉是否能以 10 倍速成长，这很难说。

华杉的写作也好，日课也好，都是他推动华与华公司持续前进的一个重要手段，这与他的经营管理紧密相关，而不是他一时头脑发热给自己找一些事情来做。

曾国藩写日记，也不是单纯地写日记，这实际上是曾国藩修身的一个重要抓手。曾国藩的日记内容多是反省、复盘自己，这帮助他在进德修业的路上持续改进和迭代。曾国藩的十二日课也不是单纯的、零碎的事情，而是他向成圣成贤目标迈进的一套方法，他做这些事是为了实现自己的志向，是有一个明确的目标的，是其志“不为圣贤，便为禽兽”在每一天当中的具体体现。

沃伦·巴菲特每天看书 5 ~ 6 小时，不是为了看书而看书，而是通过书籍、报纸、资料来洞察行情、研究市场、预测趋势、分析企业、寻找机会。沃伦·巴菲特每天会花费大量的时间来阅读企业的业绩报告，在发现感兴趣的公司后，会阅读相关的书籍和资料，并且进行调查研究，寻找年报背后隐藏的真相，为他的投资判断提供参考和支持。

如果读书和自己主业不能很好地结合，那么这种单纯的读书活动，也许很难真的为沃伦·巴菲特带来实际的价值。正是基于这样的意义，他说：“我的工作就是阅读。”

如果没有一个明确的方向或目标，没有一定要达成的使命和愿景，不能和自己的工作相结合，只是单纯地读书或写日记，也许你读了一辈子书、写了一辈子日记也不会有什么真正的效果。

真正的成功需要人保持“日行 30 千米”，即日日不断之功。如果你没有勤勉努力，没有尽力搭建平台，没有精心打磨产品，没有用心服务客户，没有有效管理团队，即使能够靠运气赚到钱，往往也会赔掉。

因此，“日行 30 千米”不是一种数量上的、无意识的叠加，也不是一种自我感动的游戏，需要我们树立一个目标，确定一个方向，然后持之以恒，最终才能水滴石穿，令我们迭代升级。

参考文献

1. 稻盛和夫 . 活法：口袋版［M］. 曹岫云，译 . 北京：东方出版社，2014.

2. 稻盛和夫 . 心：稻盛和夫的一生嘱托［M］. 曹寓刚，曹岫云，译 . 北京：人民邮电出版社，2020.

3. 稻盛和夫 . 经营十二条［M］. 曹岫云，曹寓刚，译 . 杭州：浙江人民出版社，2023.

4. 王阳明 . 明隆庆六年初刻版《传习录》［M］. 张靖杰，译注 . 南京：江苏凤凰文艺出版社，2015.

5. 王守仁 . 王阳明全集［M］. 吴光，钱明，董平，等编 . 上海：上海古籍出版社，2011.

6. 袁了凡 . 了凡四训［M］. 费勇，译 . 西安：三秦出版社，2017.

7. 曾国藩 . 曾国藩全集（修订版）［M］. 唐浩明，编 . 长沙：岳麓书社，2012.

8. 华杉 . 华杉讲透王阳明《传习录》［M］. 北京：人民日报出版

社，2019.

9. 华杉 . 华杉讲透《资治通鉴》.10［M］. 南京：江苏凤凰文艺出版社，2021.

10. 华杉 . 华杉讲透《论语》：修订版（全 2 册）［M］. 南京：江苏凤凰文艺出版社，2022.

11. 杨军 . 论语今释：全三册［M］. 长春：长春出版社，2020.

12. 陈生玺，等译解 . 张居正讲评《论语》［M］. 上海：上海辞书出版社，2023.

13. 键山秀三郎 . 扫除道［M］.［日］龟井民治，编 . 陈晓丽，译 . 北京：企业管理出版社，2018.

14. 曾仕强 . 易经的智慧（新版）［M］. 西安：陕西师范大学出版社，2018.

15. 曾仕强 . 道德经真的很容易［M］. 西安：西安出版社，2022.

16. 小马宋 . 营销笔记［M］. 北京：中信出版社，2022.

17. 李翔 . 左晖［M］. 北京：新星出版社，2020.

18. 李翔 . 沈鹏［M］. 北京：新星出版社，2021.

19. 张靓蓓 . 十年一觉电影梦：李安传［M］. 北京：中信出版社，2013.

20. 刘东华 . 意义：成功与财富的原点与终点［M］. 北京：机械工业出版社，2024.

21. 吴世春 . 心力：创业如何在事与难中精进［M］. 北京：人民邮电出版社，2020.

22. 贾林男 . 做踏踏实实的企业家：周其仁随访以色列七夕谈［M］. 北京：机械工业出版社，2016.

23. 李小龙 . 生活的艺术家［M］.［美］约翰 · 里特，编 . 刘军平，译 . 北京：北京联合出版公司，2013.

24. 舒尔茨，扬 . 将心注入［M］. 文敏，译 . 北京：中信出版社，2015

25. 艾萨克森 . 史蒂夫 · 乔布斯传［M］. 管延圻等，译 . 北京：中信出版社，2011.

26. 束景南 . 阳明大传："心"的救赎之路［M］. 上海：复旦大学出版社，2020.

27. 度阴山 . 知行合一王阳明 4：轻轻松松读懂《传习录》［M］. 南京：江苏凤凰文艺出版社，2018.

28. 虚舟 . 复盘［M］. 青岛：青岛出版社，2021.

29. 虚舟 . 心法：开发内心宝藏的操作法则［M］. 青岛：青岛出版社，2024.

30. 柯林斯，汉森 . 选择卓越［M］. 陈召强，译 . 北京：中信出版社，2019.